北京科普统计

（2018 年版）

北京市科技传播中心

主　编　高　畅　孙　勇
副主编　邓爱华　孙文静

社会科学文献出版社
SOCIAL SCIENCES ACADEMIC PRESS (CHINA)

《北京科普统计》 编委会

前　言

2016 年习近平总书记在全国科技创新大会上指出，科技创新、科学普及是实现创新发展的两翼，要把科学普及放在与科技创新同等重要的位置。2018 年习近平总书记在致世界公众科学素质促进大会的贺信中强调，中国高度重视科学普及，不断提高广大人民科学文化素质。

为了贯彻落实习近平总书记的重要讲话精神，《北京市"十三五"时期科学技术普及发展规划》对北京科普工作做出了全面布署，规划明确提出，到 2020 年，建成与全国科技创新中心相适应的国家科技传播中心，首都科普资源平台的服务能力显著增强，科普工作体制机制不断创新，科普人才队伍持续增长，科普基础设施体系基本形成，科普传播能力全国领先，创新文化氛围全面优化，科普产业粗具规模，公民科学素质显著提高，"首都科普"的影响力和显示度不断提升等总体目标。

北京科普统计是贯彻落实《中华人民共和国科学技术普及法》的重要举措，是了解和掌握北京科普工作状况的重要数据基础。通过科普统计和统计数据分析，可以为政府部门制定科普政策、法律法规及有针对性地开展科普工作提供支持，也可以让广大公众及时了解北京科普事业发展现状及总体目标落实情况。

北京地区科普统计工作每年按照科技部的统一布置和要求开展，由北京市科学技术委员会牵头组织、北京市科技传播中心具体实施、北京科学学研究中心提供智力和技术支持，北京市属相关部门负责本系统及直属机构的科普统计，区科委或科协组织协调开展本地区（包括北京市科普基地）的科普统计，在京中央单位的统计工作由科技部组织。统计范围涉及 40 余家委办局、16 区及在京中央单位。

在此背景下出版发行《北京科普统计（2018 年版）》一书，是根据《科技部关于开展 2017 年度全国科普统计调查工作的通知》（国科发政〔2018〕80 号）精神，对北京地区科普统计数据的全面解析。全书共分 7 个部分：综述、科普人员、科普场地、科普经费、科普传媒、科普活动和创新创业中的科普。在本书的最后，收录了"2017 年度北京地区全国科普统计调查工作方案"及 2008～2017 年的分类数据统计表。

科普统计数据是反映北京地区科普工作状况的重要指标数据，能及时掌握北京市科普资源概况，更好地监测本市科普工作质量，从 2004 年的试统计开始，全国科普统计处于不断完善的过程中。为了更加真实、有效地反映北京地区科普事业的发展状况，科普统计方案、统计范围和统计指标处于适度的调整、变动过程之中。统计范围的变化，会造成数据分析中有关变化率的计算并不是基于相同的统计口径。一些指标数据的变化会受到此方面因素的影响，因此在解读、引用此类数据时，须注意相关信息。

目　　录

综　述

2018 年北京地区科普统计工作，根据《科技部关于开展 2017 年度全国科普统计调查工作的通知》（国科发政 [2018] 80 号）精神开展。其统计指标及统计口径依据国家统计局批准的科普统计调查表（国统制 [2012] 11 号）开展统计工作。本次统计工作由北京市科学技术委员会牵头组织，北京市科技传播中心具体实施，统计范围为北京地区的中央国务院部门，市属委、办、局，人民团体和 16 个区，共回收有效调查表 1728 份。

2017 年度北京地区科普统计数据显示，科普经费筹集额继续位居全国前列，科普人员增减平稳，科技场馆建设稳步增长，科普传播形式多样，以科技活动周为代表的群众性科普活动产生了广泛的社会影响。首都科普事业继续保持平稳、健康的良好发展态势。

1. 北京地区科普人员数量平稳

表 0 - 1 显示，自 2012 年至 2017 年北京地区科普人员基本维持在约 4.8 万人左右，其中，科普专职人员维持在约 7700 人左右，科普兼职人员维持在约 4 万人左右。中央在京科普人员维持在约 1.2 万人左右，市属科普人员维持在约 8600 人左右，区属科普人员维持在约 2.7 万人左右。

2017 年，北京地区拥有科普人员 51035 人，约占全国科普人员总数 179.45 万人的 3%，北京地区每万人拥有科普人员 23.51 人，是全国的 1.82 倍。其中，科普专职人员 8077 人，占北京地区科普人员总数的 15.83%，北京地区每万人拥有科普专职人员 3.72 人；科普兼职人员 42958 人，占北

表 0 - 1　北京科普人员历年增减对比

单位：人

	2012 年		2013 年		2014 年		2015 年		2016 年		2017 年	
	专职	兼职	专职	兼职	专职	兼职	专职	兼职	专职	兼职	专职	兼职
中央在京单位	2617	9467	2925	9728	2157	5884	2352	7475	3175	11435	2911	11281
市属单位	1229	2961	1712	5718	1487	6123	1554	11324	1381	9395	1208	7656
区属单位	2882	23744	3232	25610	3418	22670	3418	22140	4735	24839	3958	24021
小计	6728	36172	7869	41056	7062	34677	7324	40939	9291	45669	8077	42958
合计	42900		48925		41739		48263		54960		51035	

京地区科普人员总数的 84.17%，北京地区每万人拥有科普兼职人员 19.79 人。

在 8077 个科普专职人员中，具有中级职称及以上或大学本科及以上学历人员 6103 人，占科普专职人员总数的 75.56%；在科普专职人员中有女性科普人员 4377 人，占科普专职人员总数的 54.19%；在科普专职人员中有农村科普人员 817 人、科普管理人员 1924 人、科普创作人员 1269 人和科普讲解人员 1713 人，分别占科普专职人员总数的 10.12%、23.82%、15.71% 和 21.21%。

在 42958 个科普兼职人员中，具有中级职称及以上或大学本科以上学历人员 27564 人，占科普兼职人员总数的 64.16%；科普兼职人员年度实际投入工作量为 48756 个月，平均每个科普兼职人员年从事科普工作 1.13 个月；在科普兼职人员中有女性科普兼职人员 24228 人，占科普兼职人员总数的 56.40%；另外，在科普兼职人员中有农村科普人员 6233 人、科普讲解员 9221 人，分别占科普兼职人员总数的 14.51%、21.47%。

北京地区拥有注册科普志愿者 23709 人，仅占全国注册科普志愿者总数 225.60 万人的 1.05%。

2. 科普场馆继续稳步增长

表 0 - 2 显示，2012 年以来北京地区科普场馆逐年增加，2017 年共拥有

科普场馆 123 个①，其中有科技馆 29 个、科学技术博物馆 82 个和青少年科技馆（站）12 个。

表 0 - 2　2012～2017 年北京地区各类科普场馆对比

单位：个

	2012 年	2013 年	2014 年	2015 年	2016 年	2017 年
科技馆	21	22	31	31	30	29
科学技术博物馆	60	70	70	71	74	82
青少年科技馆（站）	14	16	11	14	17	12
合计	95	108	112	116	121	123

截至 2017 年年底，北京地区共有建筑面积在 500 平方米及以上的科技馆 29 个，比 2016 年减少了 1 个；有建筑面积在 500 平方米及以上的科学技术博物馆 82 个，比 2016 年增加了 8 个；有青少年科技馆（站）12 个，比 2016 年减少了 5 个。

2017 年北京地区的科技馆、科学技术博物馆建筑面积达 128.79 万平方米、展厅面积达 52.57 万平方米，分别比 2016 年增加了 17.24 万平方米、6.15 万平方米；每万人拥有科普场馆建筑面积 593.31 平方米、每万人拥有科普场馆展厅面积 242.18 平方米。青少年科技馆（站）建筑面积 18.83 万平方米、展厅面积 4.91 万平方米。

2017 年科技馆、科学技术博物馆参观人次达 2908.46 万人次；科普场馆基建支出共计 2.17 亿元，比 2016 年的 1.42 亿元增加了 0.75 亿元。青少年科技馆（站）参观人次为 7.89 万人次。

2017 年北京地区共有科普画廊 3414 个，比 2016 年减少了 102 个。城市社区科普（技）活动专用室 1582 个，比 2016 年增加了 52 个。农村科普（技）活动场地 1870 个，比 2016 年增加了 3 个。科普宣传专用车 84 辆，比 2016 年增加了 20 辆。

① 本次科普统计仅统计了 500 平方米及以上的科普场馆。

3. 科普经费投入继续位居全国前列

表0-3显示，2017年北京地区全社会科普经费筹集额约为26.96亿元，比2016年增加约1.84亿元。仍居全国各省、直辖市前列。其中，政府拨款约19.44亿元，占全部科普经费筹集额的72.11%，比2016年增加约1.4亿元；政府拨款的科普专项经费11.33亿元，比2016年增加2.74亿元。人均科普专项经费52.20元，较2016年增加12.67元。

按2017年剔除中央在京单位后的科普专项经费5.98亿元计算的人均科普专项经费为27.55元，仍居全国各省、直辖市前列。2017年社会捐赠988.00万元，比2016年减少3064.99万元。

表0-3 2012～2017年北京地区科普经费筹集额构成的变化

单位：万元

	2012 年				2013 年			
	拨款	捐赠	自筹	其他	拨款	捐赠	自筹	其他
中央在京	51204.83	1458.25	53132.67	7147.34	69189.77	2291.68	29241.76	2211.27
市属	38159.54	121.60	11175.12	3994.41	45407.26	2.00	15081.86	1462.34
区属	42705.69	65.90	11355.63	881.18	39612.83	318.50	6914.86	1004.10
小计	132070.06	1645.75	75663.42	12022.93	154209.86	2612.18	51238.48	4677.71
合计	221402.16				212731.23			

	2014 年				2015 年			
	拨款	捐赠	自筹	其他	拨款	捐赠	自筹	其他
中央在京	149798.52	9601.50	27863.94	1706.28	81805.75	1073.00	14233.83	8657.80
市属	45605.57	0.00	12942.65	4576.63	10393.59	110.00	4204.36	429.00
区属	33789.59	117.00	8968.64	1805.92	70829.97	114.00	15439.84	5346.96
小计	154209.85	9718.50	49775.23	8088.83	163029.31	1297.00	33878.03	14433.76
合计	217381.08				212638.10			

	2016 年				2017 年			
	拨款	捐赠	自筹	其他	拨款	捐赠	自筹	其他
中央在京	98103.81	916.60	23373.47	7033.76	92120.00	970.00	43318.00	4727.00
市属	38028.66	2400.00	17908.69	2422.62	53431.00		13484.00	1518.00
区属	44275.34	736.39	13524.42	2546.40	48828.00	18.00	9561.00	1622.00
小计	180407.81	4052.99	54806.58	12002.78	194379.00	988.00	66363.00	7867.00
合计	251270.16				269597.00			

2017 年北京地区市、区两级单位科普经费筹集额约 12.85 亿元,占全国科普经费筹集额 160.05 亿元的 8.03%,是全国各省市科普经费筹集额平均值 4.51 亿元的 2.85 倍。

2017 年北京地区科普经费使用额共计 23.40 亿元,比 2016 年的 23.32 亿元增加了 0.08 亿元,占全国科普经费使用额 161.36 亿元的 14.50%。北京地区科普经费使用额中,行政支出 3.25 亿元、科普活动支出 15.26 亿元、科普场馆基建支出 2.17 亿元、其他支出 2.58 亿元。从科普经费的使用情况可以看出,2017 年北京地区科普经费使用额中的大部分用于举办各种科普活动,占支出总额的 65.21%,高于 2016 年 61.88% 约 3.33 个百分点。

4. 大众传媒科普宣传力度稳步增长

表 0-4 和表 0-5 显示,2017 年北京地区出版科普图书 4241 种,比 2016 年增加 669 种,占全国出版科普图书种数 14059 种的 30.17%。2017 年出版科普图书总册数约 4632 万册,占全国年出版科普图书总量 1.25 亿册的 37.05%。出版科普期刊 117 种,年出版总册数约 813 万册;出版科普(技)音像制品 349 种,光盘发行总量 16.27 万张;电台、电视台播出科普(技)节目时间 21569 小时;共发放科普读物和资料约 2722.21 万份。

表 0-4　2014～2017 年北京地区科普图书、科普期刊变化情况

单位:种,万册

	2014 年				2015 年				2016 年				2017 年			
	科普图书		科普期刊		科普图书		科普期刊		科普图书		科普期刊		科普图书		科普期刊	
	种数	册数	种数	册数	种数	册数	种数	册数	种数	册数	种数	册数	种数	册数	种数	册数
中央在京	2450	1914	59	1164	3314	6388	86	1535	2585	2130	85	3358	3355	4094	66	575
北京市	1155	882	9	215	1281	946	37	390	987	740	45	345	886	537	51	238
合计	3605	2796	68	1379	4595	7334	123	1925	3572	2870	130	3703	4241	4631	117	813

表 0 – 5　2014～2017 年北京地区科普传媒变化情况

	2014 年				2015 年			
	科技类报纸年发行总份数/份	电视台播出科普（技）节目时间/小时	电台播出科普（技）节目时间/小时	科普网站个数/个	科技类报纸年发行总份数/份	电视台播出科普（技）节目时间/小时	电台播出科普（技）节目时间/小时	科普网站个数/个
中央在京	21356000	4405	8730	81	28103504	5685	11573	128
市属	500000	2500	426	37	89298891	10659	3337	107
区属		1917	729	66	3146380	2496	1337	108
合计	21856000	8822	9885	184	120548775	18840	16247	343

	2016 年				2017 年			
	科技类报纸年发行总份数/份	电视台播出科普（技）节目时间/小时	电台播出科普（技）节目时间/小时	科普网站个数/个	科技类报纸年发行总份数/份	电视台播出科普（技）节目时间/小时	电台播出科普（技）节目时间/小时	科普网站个数/个
中央在京	72966000	7219	7684	217	16095864	2294	4881	109
市属	1777603	2393	354	53	10042600	2415	5486	51
区属	3478162	3717	1459	89	1083611	4432	2061	110
合计	78221765	13329	9497	359	27222075	9141	12428	270

5. 科普活动开展继续位居全国前列

2017 年北京地区共举办科普（技）讲座 5.28 万次，吸引听众 1053.24 万人次；举办科普（技）专题展览 4425 次，观展 5139.26 万人次；举办科普（技）竞赛 2116 次，有 5548.77 万人次参与竞赛；组织青少年科技兴趣小组 3334 个，参加人数 38.89 万人次；举办实用技术培训 1.49 万次，有 143.21 万人次接受培训。

2017 年科技周期间，举办科普专题活动 3867 次，吸引 5458.31 万人次参与。大学、科研机构向社会开放 797 个，有 95.00 万人次参观；举办 1000 人以上的重大科普活动 149 次。

6. 创新创业与科技广泛结合

2017 年度科普统计中，对"双创"中开展的培训、宣传等相关科普活动进行了统计。2017 年，北京地区开展创新创业培训 1822 次，共有 24.59 万人次参加了培训；举办科技类项目投资路演和宣传推介活动 20431 次，22.67 万人次参加了路演和宣传推介活动；举办科技类创新创业赛事 263 次，共有 14.98 万人次参加了赛事。

1 科普人员

科普人员是科普活动的组织者、科学技术的传播者，是我国人才队伍的重要组成部分。按从事科普工作时间占全部工作时间的比例以及职业性质区分，科普人员可以分为科普专职人员和科普兼职人员。

科普专职人员是指从事科普工作时间占其全部工作时间 60% 及以上的人员，包括各级国家机关和社会团体的科普管理工作者，科研院所和大中专院校中从事专业科普研究和创作的人员，科普类图书、期刊、报刊科技（普）专栏版的编辑，电台、电视台科普频道、栏目的编导和科普网站信息加工人员等。

科普兼职人员是科普专职人员队伍的重要补充，他们在非职业范围内从事科普工作，主要包括进行科普（技）讲座等科普活动的科技人员、中小学兼职科技辅导员、参与科普活动的志愿者和科技馆（站）的志愿者等。

1.1 科普人员概况

表 0-1 显示，北京地区 2017 年共有科普专兼职人员 51035 人，比 2016 年的 54960 人减少 3925 人；全市每万常住人口（根据北京市统计局数据，2017 年年底全市常住人口 2170.7 万人）平均拥有科普人员 23.51 人，比 2016 年的 25.29 人减少了 1.78 人。其中科普专职人员 8077 人，比 2016 年的 9291 人减少 1214 人，占 2017 年北京科普人员总数的 15.83%，比 2016 年占比 16.91% 减少了 1.08%；科普兼职人员 42958 人，比 2016 年的 45669 人减少 2711 人，占 2017 年北京科普人员总数的 84.17%；2017 年科普兼职人员投入工作量 48756 个月，平均每个科普兼职人员年投入 1.13 个月。

1.1.1 科普人员类别

2017 年北京地区共有中级职称及以上或大学本科及以上学历的科普专兼

职人员 33667 人，占科普人员总数 51035 人的 65.97%，略低于 2016 年比例。其中，中级职称及以上或大学本科及以上学历的科普专职人员 6103 人，占科普专职人员总数 8077 人的 75.56%，比 2016 年占比 70.89% 增加了 4.67 个百分点；中级职称及以上或大学本科及以上学历的科普兼职人员 27564 人，占科普兼职人员总数 42958 人的 64.16%，比 2016 年占比 65.75% 减少 1.59 个百分点。

2017 年北京地区共有 28605 名女性科普人员，占科普人员总数 51035 人的 56.05%。其中，女性科普专职人员 4377 人，占科普专职人员总数 8077 人的 54.19%；女性科普兼职人员 24228 人，占科普兼职人员总数 42958 人的 56.05%。

2017 年北京地区拥有农村专职科普人员 817 人，占科普专职人员总数的 10.12%，比 2016 年占比 28.25% 减少了 18.13 个百分点；科普创作人员 1269 人，占科普专职人员总数的 15.71%，比 2016 年占比 19.88% 减少 4.17 个百分点；科普管理人员 1924 人，占科普专职人员总数的 23.82%，比 2016 年占比 27.82% 减少了 4 个百分点；科普讲解工作人员 1713 人，占科普专职人员总数 21.21%，比 2016 年占比 24.05% 减少 2.84 个百分点（见图 1-1）。

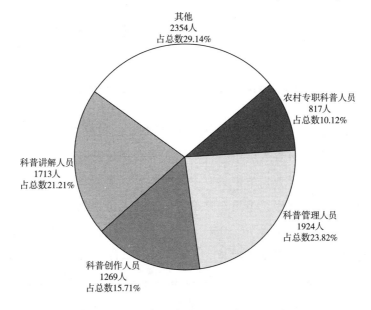

图 1-1 2017 年北京地区科普专职人员构成

2017 年北京地区拥有农村专兼职科普人员 7050 人，占科普专兼职人员总数的 13.81%，比 2016 年占比 6.64% 增加 7.17 个百分点。

每万农村人口拥有科普人员数为 16.78 人，与城镇地区的每万人口拥有科普人员 22.80 人相比少 6.02 人。

1.1.2 科普人员分级构成

按照中央在京单位、市级、区级的科普人员分布来看，本市共有专兼职科普人员 51035 人。其中，中央在京单位有 14192 人，占 27.81%；市级单位有 8864 人，占 17.37%；区级单位有 27979 人，占 54.82%（见图 1-2）。

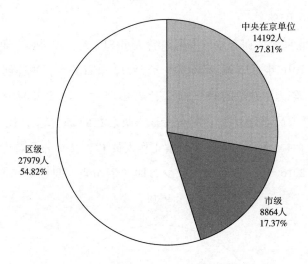

中央在京单位
14192人
27.81%

区级
27979人
54.82%

市级
8864人
17.37%

图 1-2　2017 年北京地区三级科普人员构成情况

从科普专职人员占同级科普人员比例来看，2017 年中央在京单位占比最高，市级单位科普人员中科普专职人员比例最低；从科普人员的职称及学历来看，区级科普人员中具有中级职称及以上或大学本科及以上学历的人员比例较低。其中，中央在京单位的科普人员中具有中级职称及以上或大学本科及以上学历占 77.30%，市级单位的科普人员具有中级职称及以上或大学本科及以上学历占 80.28%，区级单位的科普人员具有中级职称及以上或大学本科及以上学历占 55.69%；从表中还可以看出，2017 年区级的女性科普人员比例最高，达到 58.67%。区级农村科普人员占同级科普人员比例最高，达到 21.03%（见表 1-1）。

表 1-1　2017 年北京地区科普人员构成情况

单位：%

层级	科普专职人员占同级科普人员比例	中级职称及以上或大学本科及以上学历的人员比例	女性科普人员占同级科普人员比例	农村科普人员占同级科普人员比例
中央在京单位	20.51	77.30	51.32	0.37
市级	13.63	80.28	55.34	12.56
区级	14.15	55.69	58.67	21.03

1.1.3　科普人员区域分布

2017 年首都功能核心区（东城区、西城区）、城市功能拓展区（朝阳区、丰台区、石景山区、海淀区）、城市发展新区（房山区、通州区、顺义区、昌平区、大兴区）和生态涵养发展区（门头沟区、平谷区、怀柔区、密云区、延庆区）拥有科普人员总数分别为 11436 人、23916 人、13456 人、12280 人，每万人拥有科普人员分别为 43.55 人、30.92 人、38.39 人、37.44 人（见表 1-2）。

表 1-2　2017 年北京地区科普人员区域分布

单位：人

	首都功能核心区	城市功能拓展区	城市发展新区	生态涵养发展区
区域科普人员	11436	23916	13456	12280
区域人口	2426000	5988000	3390000	1647000
万人拥有科普人员	43.55	30.92	38.39	37.44
万人拥有科普专职人员	5.13	5.71	4.18	7.54

图 1-3 反映了北京地区科普人员在首都功能核心区、城市功能拓展区、城市发展新区、生态涵养发展区的分布情况。首都功能核心区和城市发展新区科普人员比例高于人口所占比例，首都功能核心区人口占北京地区的 18.04%，科普人员占北京地区的 21.89%；城市发展新区人口占北京地区的 25.20%，科普人员占北京地区的 28.66%。城市功能拓展区和生态涵养发展区科普人员比例略低于人口所占比例，城市功能拓展区人口占北京地区

的 44.52%，科普人员占北京地区的 38.36%；生态涵养发展区人口占北京地区的 12.24%，科普人员占北京地区的 11.09%。

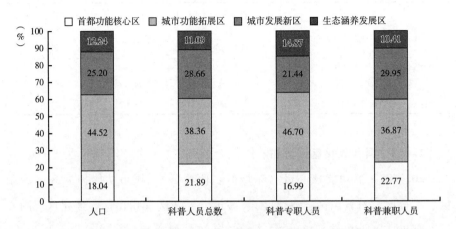

图 1-3　2017 年四个功能区人口及科普人员占北京地区的比例（约数）

从各个地区的科普人员的专兼职情况来看，三个区的科普兼职人员占全部科普人员的 80% 以上，城市发展新区高达 90.67%，只有首都功能核心区占 77.03%（见图 1-4）。

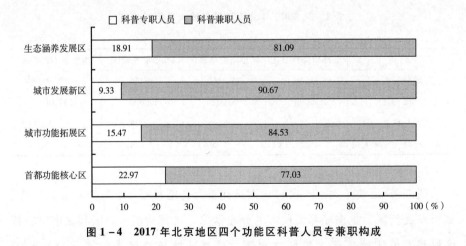

图 1-4　2017 年北京地区四个功能区科普人员专兼职构成

四个功能区科普人员中女性科普人员所占比例略有差异，2017 年首都功能核心区、城市功能拓展区、城市发展新区、生态涵养发展区的女性科普人员所占比例分别为 61.57%、54.22%、57.54% 和 50.73%（见图 1-5）。

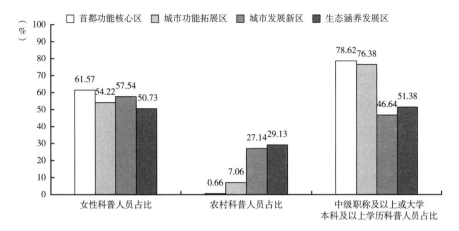

图 1-5 2017 年北京地区四个功能区女性科普人员、农村科普人员、
中级职称及以上或大学本科及以上学历科普人员比例

2017 年首都功能核心区、城市功能拓展区、城市发展新区、生态涵养发展区拥有农村科普人员分别为 66 人、1508 人、3529 人、1947 人。从农村科普人员所占比例来看，生态涵养发展区农村科普人员所占比例最高，为 29.13%；首都功能核心区、城市功能拓展区、城市发展新区所占比例分别为 0.66%、7.06% 和 27.14%。此外，城市发展新区和生态涵养发展区中农村科普专职人员分别占科普专职人员的 18.47% 和 43.99%；首都功能核心区和城市功能拓展区这一比例仅为 0.26% 和 0.94%。

四个功能区中具有中级职称及以上或大学本科及以上学历人员占科普人员比例从高到低依次是首都功能核心区、城市功能拓展区、生态涵养发展区、城市发展新区，首都功能核心区和城市功能拓展区专兼职科普人员中，中级职称及以上或大学本科及以上学历人员的比例分别高达 78.62%、76.38%。在城市发展新区科普专兼职人员中，具有中级职称及以上或大学本科及以上学历人员的比例最低，为 46.64%。

从专职科普创作人员数量来看，北京四个功能区科普创作人员占本地区科普专职人员的比例差异明显。首都功能核心区、城市功能拓展区、城市发展新区的专职科普创作人员占该区科普专职人员比例分别为 14.71%、20.38% 和 16.41%；而生态涵养发展区的科普创作人员占该区科普专职人员的比例较低，仅为 4.67%（见图 1-6）。

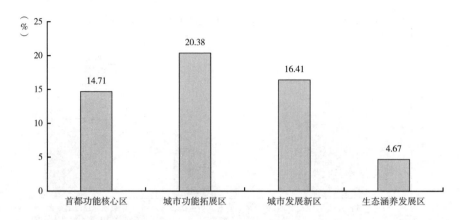

图 1 - 6　2017 年北京地区四个功能区科普创作人员占科普专职人员的比例

从专职科普创作人员数量来看，首都功能核心区、城市功能拓展区、城市发展新区、生态涵养发展区科普创作人员占北京地区科普创作人员总数的比例分别为 26.64%、53.03%、15.68% 和 4.65%，首都功能核心区和城市功能拓展区的科普创作人员占北京地区科普创作人员总数的 79.67%（见图 1 - 7）。

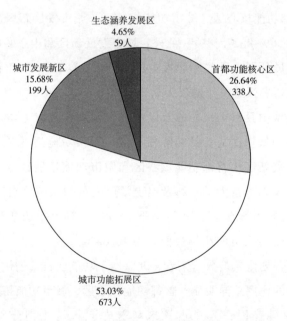

图 1 - 7　2017 年北京地区四个功能区科普创作人员
占北京地区科普创作人员总数的比例

1.2 各区科普人员分布

统计结果显示，2017 年北京地区 16 个区对科普人力资源持续投入，科普人员队伍保持稳定。由于各区社会经济发展状况不同及科普机构、科研院所、高校分布的状况不同，科普人力资源投入也表现出一定的地域性差异。

1.2.1 北京地区 16 区科普人员分布（含中央在京单位科普人员）

1.2.1.1 各区科普人员规模

2017 年北京地区 16 个区平均拥有专、兼职科普人员 3189 人，比 2016 年的 3434 人减少了 245 人。科普人员规模超过平均水平的有五个区，包括东城区、西城区、朝阳区、海淀区和顺义区（见图 1-8）。这 5 个区的科普人员总数占北京地区科普人员总数的 78.35%。2017 年北京地区 16 个区的科普专职人员平均有 505 人，比 2016 年的 580 人减少了 75 人。共有 5 个区超过了北京地区平均水平，分别为东城区、西城区、朝阳区、海淀区和平谷区。而且，这 5 个区的科普专职人员总数占北京地区科普专职人员总数的 93.56%。

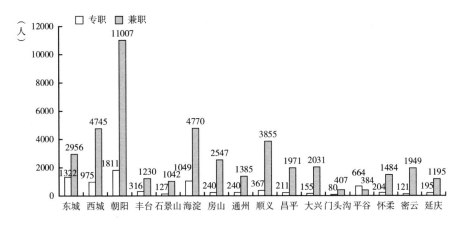

图 1-8 2017 年北京地区各区科普人员数

从科普兼职人员数来看，2017 年各区平均拥有科普兼职人员 2685 人，比 2016 年的 2854 人减少了 169 人。东城区、西城区、朝阳区、海淀区和顺义区 5 个区的科普兼职人员数量高于全市平均水平。其中，朝阳区的科普兼职人员规模达到了 11007 人。

从科普专职人员占全部科普人员的比例来看，西城区、海淀区、丰台区、东城区、门头沟区、平谷区 6 个区科普专职人员占该地区全部科普人员的平均比例均超过 15.68% 的全市平均值，平谷区达到 63%（见图 1-9）。

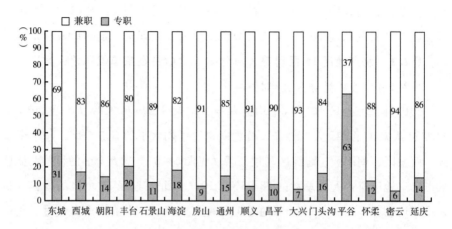

图 1-9　2017 年北京地区各区科普人员构成

从图 1-10 可以看出各区每万人拥有科普人员情况。2017 年北京地区每万人拥有科普人员 23.51 人，有 9 个区超过平均水平。其中，首都功能核心区 2 个，为东城区、西城区；城市功能拓展区 1 个，为朝阳区；城市发展新区 2 个，为顺义区和房山区；生态涵养发展区 4 个，分别为怀柔区、密云区、延庆区和平谷区。东城区的每万人科普人员数位居首位，达到 47.2 人。

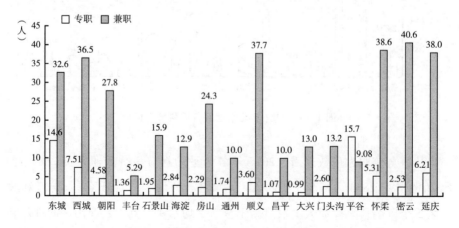

图 1-10　2017 年北京地区各区每万人科普人员数

1.2.1.2　北京地区各区科普人员构成

（1）科普人员职称及学历。2017年北京地区拥有中级职称及以上或大学本科及以上学历的科普人员数量排列前五位的区依次是朝阳区9839人、西城区4658人、海淀区4645人、东城区3202人和顺义区2482人（见图1-11）。其中朝阳区居首位，拥有中级职称及以上或大学本科及以上学历的专职、兼职科普人员数占全市33667人的29.22%。

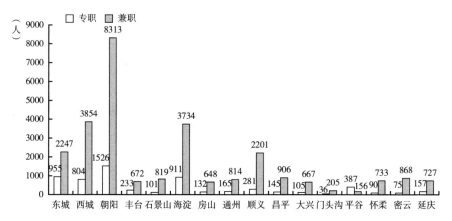

图1-11　2017年北京地区各区中拥有中级职称及以上或大学本科及以上学历科普人员数

图1-12显示，2017年北京地区科普人员中具有中级职称及以上或大学本科及以上学历人员比例，专职人员平均占比75.56%，高于兼职人员平均64.16%的11.4个百分点，各区情况大致相同，但不均衡。在大多数区，科普专职人员中具有中级职称及以上或大学本科及以上学历人员比例要高于科普兼职人员的这一比例，其中，东城区、门头沟区、怀柔区3个区科普兼职人员超过科普专职人员。科普专职人员中具有中级职称及以上或大学本科及以上学历人员比例超过60%的有12个区，西城区超过80%，怀柔区最低，为44.12%。科普兼职人员中具有中级职称及以上或大学本科及以上学历人员比例超过50%的有9个区，海淀区、朝阳区、西城区、石景山区超过70%，房山区最低，为25.44%。

（2）女性科普人员。各区平均拥有1787.81名女性科普人员，女性科普人员数量高于男性科普人员，平均占科普人员总数的56.05%。东城区、西城区、朝阳区、海淀区、房山区和顺义的女性科普人员占科普人员的比例较大，均超过了平均数。朝阳区女性科普人员占本区科普人员总数的

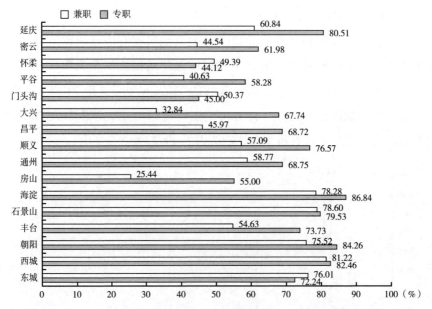

图 1 - 12　2017 年北京地区各区科普专兼职人员中具有中级职称及以上或
大学本科及以上学历科普人员比例

23.53％，居本市前列。

（3）农村科普人员。各区农村科普专职、兼职人员的规模如图 1 - 13
所示。2017 年朝阳区拥有 1302 名各类农村科普人员，居北京市首位。东城
区和石景山区农村科普人员较少，东城区仅有 4 名农村专兼职科普人员。

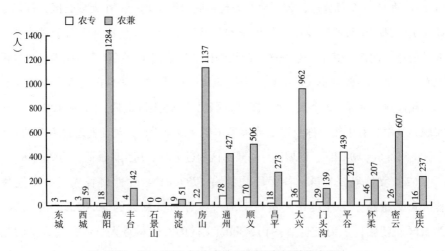

图 1 - 13　2017 年北京地区各区农村科普人员

石景山区为 0。

图 1–14 显示是 2017 年北京地区各区科普人员中农村科普人员所占的比例情况。可以看出，城市发展新区、生态涵养发展区的农村科普人员所占比例较高。农村科普人员比例超过 20% 以上的区有房山区、通州区、大兴区、门头沟区、平谷区和密云区 6 个区，平谷区高达 61.07%。

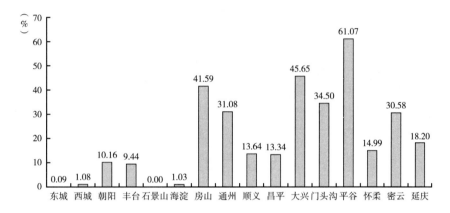

图 1–14　2017 年北京地区各区中农村科普人员所占比例

（4）科普管理人员。2017 北京地区各区平均拥有科普管理人员为 120人。图 1–15 所示为各区科普管理人员的数量。相对于其他区，朝阳区、海淀区、东城区和西城区拥有科普管理人员数量较多。从科普管理人员所占比例来看，除个别区外，多数区的科普管理人员与科普人员之比在 1:10 至 1:40。

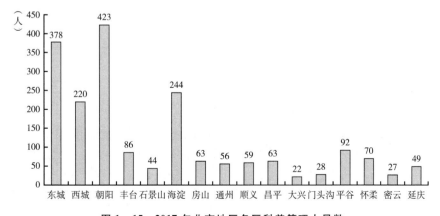

图 1–15　2017 年北京地区各区科普管理人员数

（5）科普创作人员。图 1 – 16 显示，2017 年北京地区各区共有科普创作人员 1269 人。主要集中在东城区、西城区、朝阳区和海淀区。

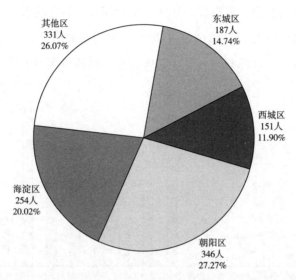

图 1 – 16　2017 年北京地区各区科普创作人员数占科普人员总数的比例

（6）注册科普志愿者。2017 年北京地区各区的注册科普志愿者规模存在明显差异（见图 1 – 17）。海淀区注册科普志愿者人员最多，达到 5407 名，占北京地区注册科普志愿者总数的 22.81%。朝阳区有 3380 名，位居其次，占北京地区注册科普志愿者总数的 14.26%。东城区有 2995 名，位于第三，占北京地区注册科普志愿者总数的 12.63%。

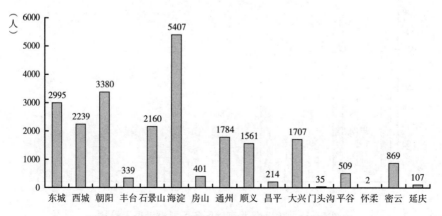

图 1 – 17　2017 年北京地区各区注册科普志愿者人数

1.2.2 北京市16区科普人员分布（不含中央在京单位科普人员）

1.2.2.1 各区科普人员规模

2017年北京市16区平均拥有专、兼职科普人员2302.69人，其中，科普人员超过北京市平均水平的地区有东城区、西城区、朝阳区、海淀区、房山区和顺义区6个区（见图1-18），这6个区的科普人员总数为22317人，占北京市科普人员总数36843人的60.57%。

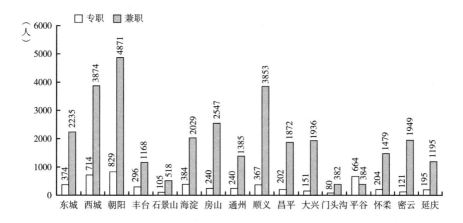

图1-18　2017年北京市各区科普人员数

从科普兼职人员数量来看，2017年各区平均拥有1979.81名科普兼职人员，东城区、西城区、朝阳区、海淀区、房山区和顺义区6个区的科普兼职人员总数高于北京市平均水平。其中，朝阳区的科普兼职人员规模达到了4871人。

从科普专职人员数量来看，丰台区、石景山区、门头沟区和平谷区科普专职人员占所在地区全部科普人员的比例均超过北京市16.20%的平均值，其中，平谷区达到63.3%（见图1-19）。

从图1-20可以看出各区（不含中央在京单位）每万人拥有科普人员情况。2017年北京市平均每万人拥有科普人员16.97人（不含中央在京单位的总科普人员除以北京市常住人口），有8个区超过平均水平。其中，首都功能核心区2个，为西城区和东城区；生态涵养发展区4个，为延庆区、怀柔区、密云区和平谷区；城市发展新区2个，为顺义区和房山区。延庆区的每万人科普人员数位居首位，为44.21人。

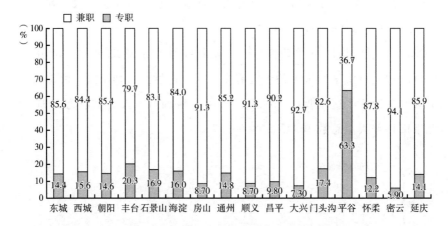

图 1 - 19　2017 年北京市各区科普专、兼职人员构成（约数）

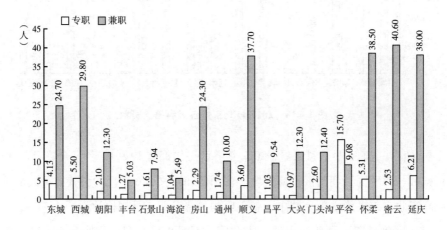

图 1 - 20　2017 年北京市各区每万人拥有科普人员数（不含中央在京单位）

1.2.2.2　各区科普人员构成

（1）科普人员职称及学历。2017 年拥有中级职称及以上或大学本科及以上学历的科普人员数量排列前六位的区依次是朝阳区、西城区、顺义区、东城区、海淀区和通州区（见图 1 - 21）。朝阳区、西城区分别拥有中级职称及以上或大学本科及以上学历的专职、兼职科普人员 4632 人和 3541 人，居北京市各区前两位，两区拥有中级职称及以上或大学本科及以上学历的专职、兼职科普人员数占全市的 36.01%。

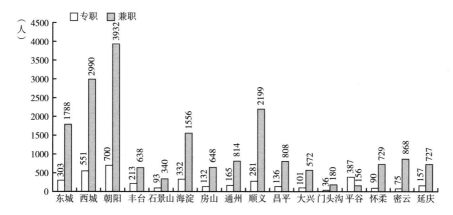

图 1 - 21   2017 年北京市各区拥有中级职称及以上或大学本科及以上学历的科普人员数

图 1 - 22 显示，北京市各区科普人员中具有中级职称及以上或大学本科及以上学历人员比例，其中专职人员平均为 72.63%，高于平均59.81% 的兼职人员 12.82 个百分点。专职、兼职科普人员中具有中级职称以上或大学本科及学历人员比例大致相同，但不均衡。在绝大多数区，科普专职人员中具有中级职称及以上或大学本科及以上学历的人员比例

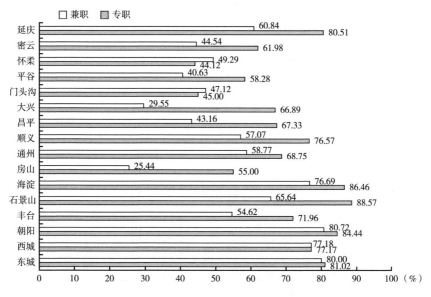

**图 1 - 22   2017 年北京市各区科普专职、兼职人员中具有中级职称及以上
或大学本科及以上学历的科普人员比例**

要高于科普兼职人员，其中，门头沟区和怀柔区科普兼职人员超过科普专职人员，西城区科普兼职人员和科普专职人员基本持平。东城区、朝阳区和海淀区 3 个区由于受中央在京单位的影响，专职、兼职科普人员中具有中级职称及以上或大学本科及以上学历人员比例变化不明显。科普专职人员中具有中级职称及以上或大学本科及以上学历人员比例超过60% 的区有 12 个，石景山区超过 88%，怀柔区最低，为 44.12%。科普兼职人员中具有中级职称及以上或大学本科及以上学历人员比例超过50% 的区有 9 个，朝阳区、东城区、西城区、海淀区超过 70%，房山区最低，为 25.44%。

（2）女性科普人员。各区平均拥有 1332.56 名女性科普人员，女性科普人员高于男性科普人员，平均占科普人员总数的 57.87%。朝阳区、西城区、顺义区、东城区、房山区、海淀区和大兴区等区的女性科普人员占科普人员的比例较大，均超过了平均数。朝阳区女性科普人员占本区科普人员总数的 50.72%，居全市前列。

（3）农村科普人员。各区农村科普专职、兼职人员的规模如图 1 - 23所示，2017 年拥有 1000 名以上各类农村科普人员，朝阳区、房山区分别拥有 1283 人、1137 人，居各区前列。农村科普人员规模零投入的是东城区和石景山区。

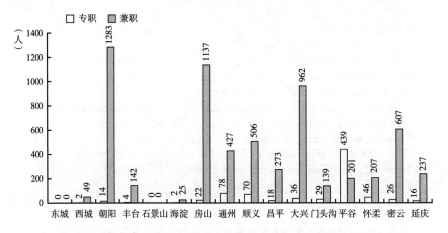

图 1 - 23　2017 年北京市各区农村科普人员数量

图1－24是各区科普人员中农村科普人员所占的比例情况。从中可以看出，城市发展新区、生态涵养发展区的农村科普人员所占比例较高。2017年农村科普人员比例高达40%以上的区有平谷区、大兴区和房山区3个区。

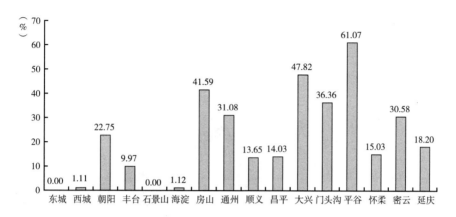

图1－24 2017年北京市各区农村科普人员所占比例

（4）科普管理人员。2017年各区平均拥有科普管理人员为73人。图1－25所示为各区拥有科普管理人员的数量。相对于其他区，朝阳区、西城区、海淀区和平谷区拥有科普管理人员数量较多。从管理人员占科普人员的比例来看，除个别区外，多数区的科普管理人员与科普人员之比在1∶10到1∶40。

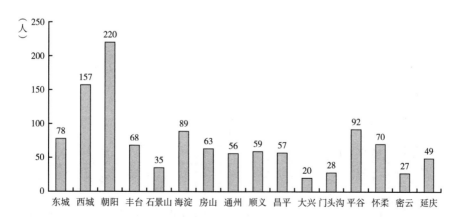

图1－25 2017年北京市各区科普管理人员数

（5）科普创作人员。2017 年北京市各区共有专职科普创作人员 768 人。主要集中于朝阳区、海淀区、东城区和昌平区，分别占专职科普创作人员总数的 25.39%、11.59%、11.33% 和 9.51%（见图 1 - 26）。

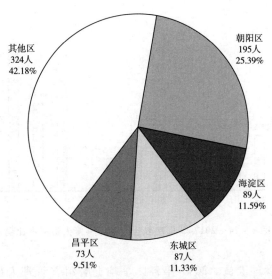

图 1 - 26　2017 年北京市各区专职科普创作人员数占总数的比例

（6）注册科普志愿者。不同区在注册科普志愿者的规模上存在明显差异（见图 1 - 27）。海淀区注册科普志愿者人数最多，达到 2977 人，占北京市注册科普志愿者总数的 14.90%，朝阳区注册科普志愿者 2653 人，位居其次，占北京市注册科普志愿者总数的 13.28%。

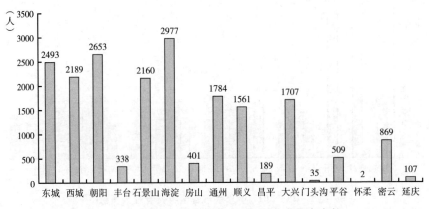

图 1 - 27　2017 年北京市各区注册科普志愿者人数

1.2.3　16区本级

1.2.3.1　各区科普人员规模

2017年北京市16区平均拥有专职、兼职科普人员1748.69人，科普人员规模超过平均水平的地区依次是顺义区、朝阳区、房山区、密云区、大兴区和东城区（见图1-28）。这6个区的科普人员总数为15736，占北京市16区本级科普人员总数27979人的56.24%。

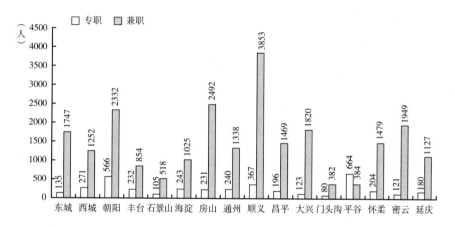

图1-28　2017年北京市各区专职兼职科普人员数

2017年16区平均拥有科普专职人员为247.38人，共有4个区超过了北京市平均水平，分别为朝阳区、平谷区、顺义区和西城区。4个区的科普专职人员总数为1868人，占北京市16区本级科普专职人员总数3958人的47.20%。

从科普兼职人员来看，2017年各区平均拥有1501.31名科普兼职人员。东城区、朝阳区、房山区、顺义区、大兴区和密云区6个区的科普兼职人员数量高于全市平均水平。其中，顺义区的科普兼职人员规模达到了3853人。

从科普专职人员占全部科普人员的比例来看，平谷区、丰台区、朝阳区、海淀区、西城区、门头沟区和石景山区科普专职人员占该区全部科普人员的比例均超过16.08%的全市平均值，平谷区达到63.36%（见图1-29）。

从图1-30中可以看出各区每万人拥有科普人员情况。2017年北京市16区本级平均每万人拥有科普人员12.89人，有8个区超过平均水平。分

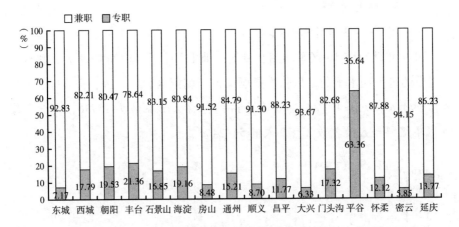

图 1 - 29　2017 年北京市各区专职兼职科普人员构成（约数）

别是怀柔区、密云区、延庆区、顺义区、房山区、平谷区、东城区和门头沟区，怀柔区的每万人拥有科普人员数位居首位，为 43.81 人。

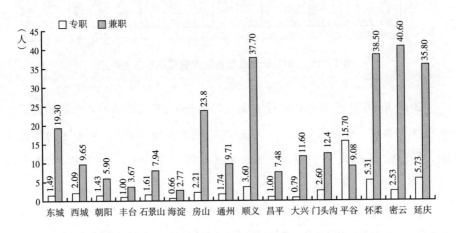

图 1 - 30　2017 年北京市各区每万人拥有科普人员数

1.2.3.2　各区科普人员构成

（1）科普人员职称及学历。2017 年北京市具有中级职称及以上或大学本科及以上学历的科普人员数量排列前五位的区依次是顺义区、朝阳区、东城区、西城区和海淀区，其中多数为人口大区（见图 1 - 31）。顺义区、朝阳区、东城区分别拥有中级职称及以上或大学本科及以上学历的专职、兼职科普人员 2480 人、2022 人和 1499 人，居北京市各区第一位、第二位和第三位，三个区的中级职称及以上或大学本科及以上学历的专职、兼职科普人员数占全市的 38.51%。

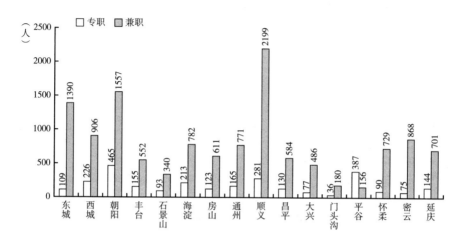

图 1-31 2017 年北京市各区拥有中级职称及以上或大学本科及以上学历科普人员数

如图 1-31 所示，科普兼职人员占本区具有中级职称及以上或大学本科及以上学历的科普人员总数的比例超过 70% 的有 15 个区。只有平谷区的科普专职人员多于科普兼职人员，其科普专职人员数占该区具有中级职称及以上或大学本科及以上学历的科普人员总数的比例为 71.27%。

（2）女性科普人员。各区平均拥有 1026 名女性科普人员，女性科普人员高于男性科普人员，平均占科普人员总数的 58.67%。东城区、西城区、朝阳区、丰台区、石景山区、海淀区、房山区、大兴区和怀柔区等区的女性科普人员占本区科普人员的比例较大，均超过了平均数。东城区、海淀区女性科普人员分别占本区科普人员总数的 74.60% 和 69.09%，居本市前列（见图 1-32）。

（3）农村科普人员。各区农村科普专职、兼职人员的规模如图 1-33 所示。2017 年房山区和大兴区拥有各类农村科普人员分别为 1159 人和 986 人，居北京市前列。东城区、西城区和石景山区农村科普人员为零。

图 1-34 是各区科普人员中农村科普人员所占比例情况。从中可以

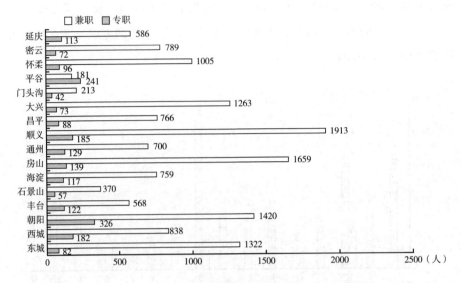

图 1 – 32　2017 年北京市各区拥有女性科普人员数量

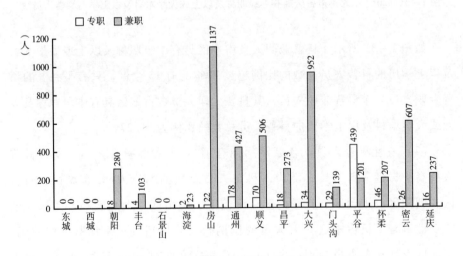

图 1 – 33　2017 年北京市各区拥有农村科普人员数量

看出，城市发展新区、生态涵养发展区的农村科普人员所占比例较高。
2017 年农村科普人员比例高达 40% 以上的区有房山区、大兴区和平谷区
3 个区。

（4）科普管理人员。2017 年各区平均科普管理人员为 55 人。图 1 – 35

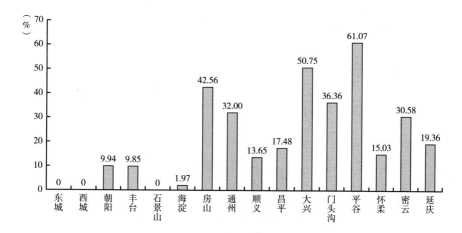

图 1-34　2017 年北京市各区农村科普人员所占比例

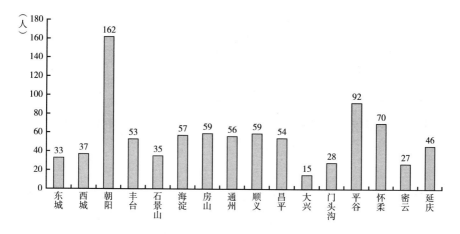

图 1-35　2017 年北京市各区拥有科普管理人员数

所示为各区拥有科普管理人员的数量。相对于其他区，朝阳区、平谷区、怀柔区拥有科普管理人员数量较多。从管理人员所占比例来看，除个别区外，多数区的科普管理人员与科普人员之比在 1∶9 到 1∶50。

（5）科普创作人员。2017 年北京各区共有专职科普创作人员 439 人。主要集中于朝阳区、昌平区、顺义区和丰台区 4 个区，另外 12 个区总计 175 人，占总数的 39.86%（见图 1-36）。

（6）注册科普志愿者。不同区在注册科普志愿者的规模上存在明显差

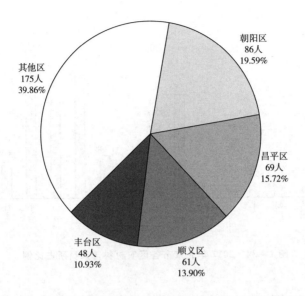

图1-36　2017年北京市各区拥有专职科普创作人员数量及比例

异。海淀区拥有注册科普志愿者人员最多，达到2843名，占北京市注册科普志愿者总数的18.47%。朝阳区以2243名注册科普志愿者位居其次，占北京市注册科普志愿者总数的14.57%。怀柔区的注册科普志愿者仅有2名（见图1-37）。

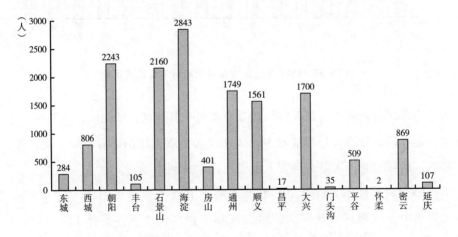

图1-37　2017年北京市各区拥有注册科普志愿者人数

1.3 部门科普人员分布

1.3.1 部门科普人员规模

从科普人员规模来看，卫生健康部门、科协组织和教育部门中拥有科普人员相对较多。如图 1 – 38 所示，卫生健康部门拥有科普人员 6475 人。教育部门和科协组织拥有科普人员数分别达到了 3747 人和 3078 人。

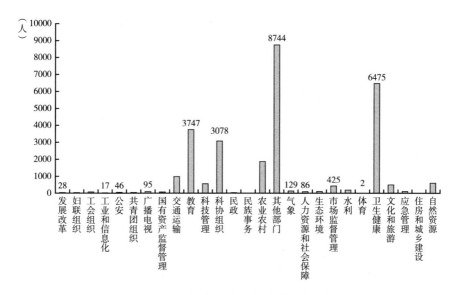

图 1 – 38　2017 年各部门拥有科普人员数

（1）科普专职人员组成结构。不同部门在科普人员组成结构上存在较大差异。民族事务部门科普专职人员比例较高，达到 100%（见图 1 – 39）。

（2）科普兼职人员年度实际投入工作量。如图 1 – 40 所示，2017 年科协组织部门和教育部门的科普兼职人员年度人均投入工作量较高，为 6299 个月、5215 个月，超过 1000 个月的有教育部门、交通运输部门、科协组织、农业农村部门、卫生健康部门和自然资源部门等。

1.3.2 部门科普人员构成

（1）科普人员职称及学历。从科普人员中具有中级职称及以上或大学本科及以上学历的人员情况来看，北京地区各部门具有中级职称及以上或大

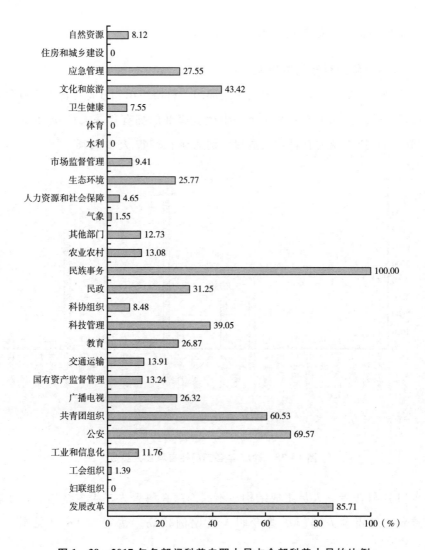

图 1 - 39 2017 年各部门科普专职人员占全部科普人员的比例

学本科及以上学历科普人员总数占比低于 30% 的有三个部门，分别是科协组织、体育部门、住房和城乡建设部门。超过 90% 的有五个部门，分别是发展改革部门、妇联组织、共青团组织、生态环境部门和水利部门（见图 1 - 41、图 1 - 42）。

（2）女性科普人员。2017 年卫生健康部门、教育部门、科协组织、交通运输部门和农业农村部门中拥有女性科普人员数量位居前 5 位，女性科普

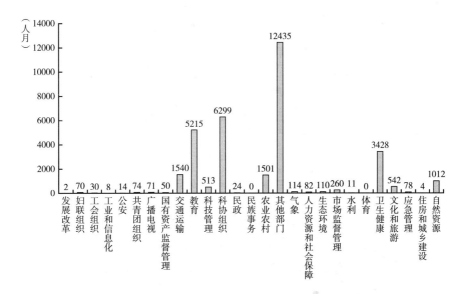

图 1-40　2017 年各部门科普兼职人员年度平均实际投入工作量

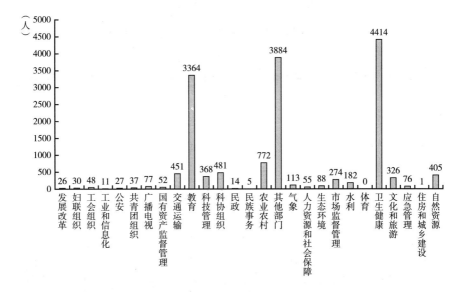

图 1-41　2017 年各部门具有中级职称及以上或本科及以上学历科普人员数

人员数分别达到了 4159 人、2194 人、2170 人、568 人和 528 人（见图 1-43）。由于工作对象和工作性质的原因，妇联组织的女性科普人员比例为 100%（见图 1-44）。

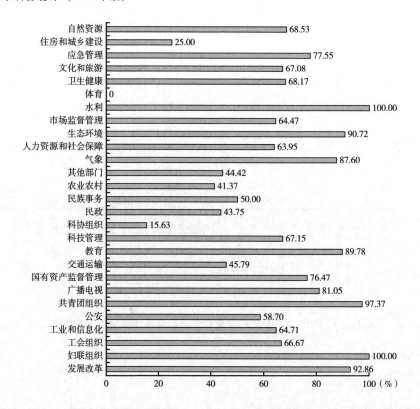

图 1-42 2017 年各部门中级职称及以上或本科及以上学历科普人员占科普人员的比例

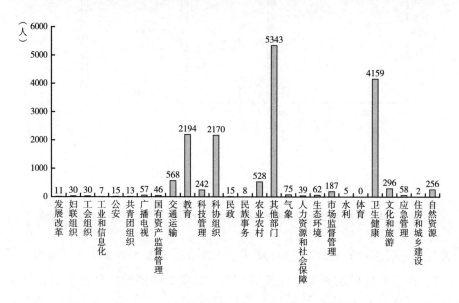

图 1-43 2017 年各部门女性科普人员情况

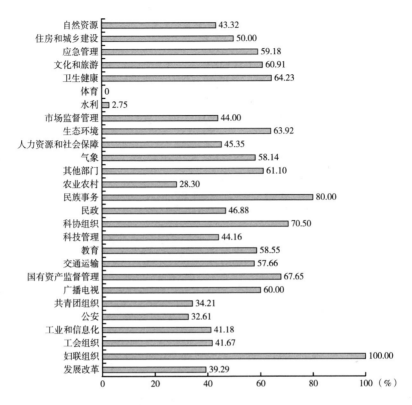

图 1-44 2017年各部门女性科普人员占科普人员数的比例

（3）农村科普人员。图 1-45 是各部门农村科普人员分布情况。农村科普人员主要分布在科协组织、农业农村部门、卫生健康部门、交通运输部门和自然资源部门和其他部门。五部门中农村科普人员人数占比分别达到31.81%、10.75%、10.08%、3.60%、3.02%和40.74%。之所以科协组织科普工作者达到1760人，其主要原因是，北京地区统计了乡镇、街道一级的科普工作者，这与北京地区人口分布基本一致。

（4）科普管理人员。从图 1-46 可以看出，教育部门、科协组织和科技管理部门的科普管理人员较多，分别有科普管理人员 145 人、132 人和82 人。

（5）科普创作人员。从图 1-47 可以看出，专职科普创作人员仍然主要分布于教育部门、农业农村部门、文化和旅游部门、卫生健康部门和科技

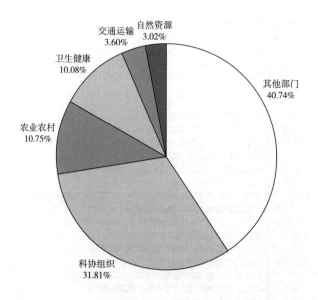

图 1 - 45　2017 年各部门农村科普人员分布情况

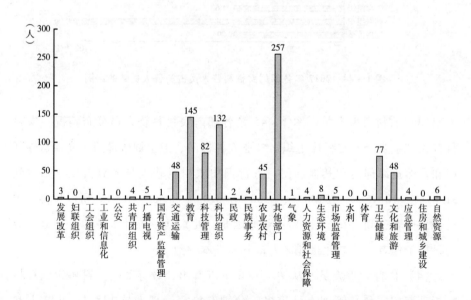

图 1 - 46　2017 年各部门拥有科普管理人员数

管理部门。2017 年教育部门有科普创作人员 125 人，占北京地区科普人员

总数的 0.45%，占科技创作部门科普专职人员总数的 28.47%。

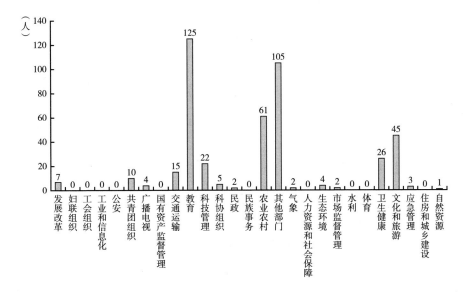

图 1-47　2017 年各部门专职科普创作人员情况

2 科普场地

在统计中将科普场地划分为科普场馆、公共场所科普宣传场地和科普（技）教育基地三大类。其中，科普场馆包括科技馆（以科技馆、科学中心、科学宫等命名的以展示教育为主，传播、普及科学的科普场所）、科学技术博物馆（包括科技类博物馆、天文馆、水族馆、标本馆以及设有自然科学部的综合博物馆等）和青少年科技馆站三类；公共场所科普宣传场地包括科普画廊、城市社区科普（技）专用活动室、农村科普（技）活动场地和科普宣传专用车四类；科普（技）教育基地包括国家级科普（技）教育基地和省级科普（技）教育基地。

2017 年度科普统计继续要求每个"科普场馆"单独填报一份报表，这样获得的科普场馆数据可以更加全面、真实地反映我国目前的科普场馆状况。

截至 2017 年年底，北京地区共有建筑面积在 500 平方米及以上的各类科技馆、科学技术博物馆 111 个，比 2016 年的 103 个增加了 8 个。建筑面积合计 1287936 平方米，比 2016 年的 1152407 平方米增加 135529 平方米，增加了 11.76%；展厅面积合计 525712 平方米，比 2016 年的 471687 平方米增加了 54025 平方米，增长了 11.45%；参观人数共计 29084648 人次，比 2016 年的 19072759 人次增加 10011889 人次，增长了 52.49%（见表 2-1）。

2017 年北京地区科普场馆基建支出共计 2.17 亿元，比 2016 年的 1.42 亿元增加了 52.82%。

截至 2017 年年底，北京地区共有建筑面积在 500 平方米及以上的科普场馆 123 个，建筑面积 132.88 万平方米，每万人拥有科普场馆建筑面积 612.16 平方米；展厅面积 53.64 万平方米，每万人拥有科普场馆展厅面积 247.09 平方米。其中，科技馆 29 个，科学技术博物馆 82 个，青少年科技馆站 12 个。

表 2 - 1 2014 ~ 2017 年科技馆、科学技术博物馆相关数据的变化

	2014 年	2015 年	2016 年	2017 年	2014 ~ 2015 年增长率（%）	2015 ~ 2016 年增长率（%）	2016 ~ 2017 年增长率（%）
科技馆、科学技术博物馆个数（个）	101	102	103	111	0.99	0.98	7.77
建筑面积（㎡）	1097756	1079317	1152407	1287936	- 1.68	6.77	11.76
展厅面积（㎡）	476066	483646	471687	525712	1.59	- 2.47	11.45
参观人次（人次）	15941245	16631909	19072759	29084648	4.33	14.68	52.49

三类科普场馆年参观人次为 2916.35 万人次，其中科技馆年参观人数为 469.88 万人次，科学技术博物馆参观人数为 2438.58 万人次，青少年科技馆站参观人数 7.89 万人次。

另外，北京地区共有科普画廊 3414 个，城市社区科普（技）活动专用室 1582 个，农村科普（技）活动场地 1870 个，科普宣传专用车 84 辆。

2.1 科技馆

2.1.1 科技馆的总体情况

2017 年科技馆展厅面积占建筑面积的比例为 48.05%（见图 2 - 1），比 2016 年的 56.01% 下降了 7.96 个百分点。

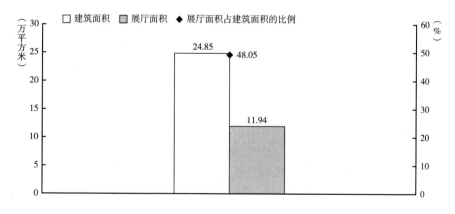

图 2 - 1 2017 年科技馆展厅面积占建筑面积的比例

截至 2017 年年底，北京共有建筑面积在 500 平方米及以上的科技馆 29 个，比 2016 年减少 1 个；全部科技馆建筑面积合计 248542 平方米，展厅面积合计 119358 平方米，参观人数共计 4698814 人次，平均每万人拥有科技馆建筑面积 111.49 平方米（见表 2－2）。

各级别的科技馆分布情况如表 2－2 所示。市级、区级科技馆建设规模较小，平均建筑面积为 5712.88 平方米，平均展厅面积为 2201.92 平方米；市级科技馆平均每馆年吸引公众参观 0.75 万人次，区级科技馆平均每馆年吸引公众参观近 2.27 万人次。

表 2－2　2017 年各级别科技馆的相关数据

单位级别	科技馆/个	建筑面积/平方米	展厅面积/平方米	参观人数/人次
中央在京	4	105720	64310	4162116
市级	2	46263	21000	15000
区级	23	96559	34048	521698
合计	29	248542	119358	4698814

2.1.2　科技馆的地区分布

2017 年，首都功能核心区（东城、西城）、城市功能拓展区（朝阳、丰台、石景山、海淀）、城市发展新区（房山、通州、顺义、昌平、大兴）和生态涵养发展区（门头沟、平谷、怀柔、密云、延庆）拥有科技馆数量比例分别为 13.79%、44.83%、27.59% 和 13.79%（见图 2－2）。

由图 2－3 可以看出，从北京地区每万人拥有科技馆展厅面积的角度来看，首都功能核心区、城市功能拓展区、城市发展新区和生态涵养发展区每万人口拥有展厅面积分别为 10.87 平方米、36.28 平方米、3.05 平方米和 4.79 平方米。

目前北京地区科技馆的各区分布呈现不均衡状态。图 2－4 反映出北京地区科技馆在 16 个区的分布情况。2017 年，在北京地区的 29 个科技馆中，朝阳、海淀、顺义、西城、丰台 5 个区共有 19 个，占北京地区科技馆总数的 65.52%；而东城、石景山、房山、通州等 11 个区共有 10 个科技馆。

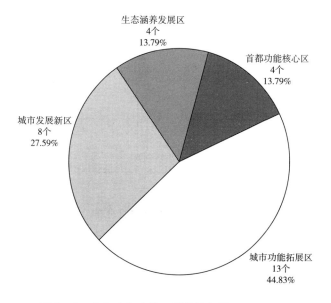

图 2－2 北京 4 个功能区科技馆数量及所占比例

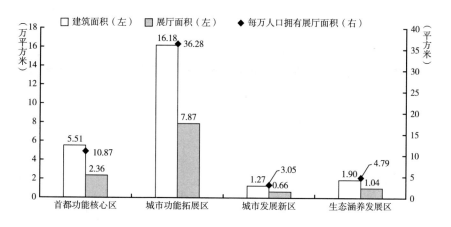

图 2－3 北京 4 个功能区科技馆建设规模及每万人口拥有展厅面积

2.1.3 科技馆的部门分布

按部门划分，北京地区的科技馆分布如图 2－6 所示。可以看出，科协组织、教育部门和科技管理部门数量较多。

如表 2－3 所示，2017 年各部门科技馆参观人次分布也同样不均衡，科协组织参观人次占比达到 85.57%，其余部门相对比较少。

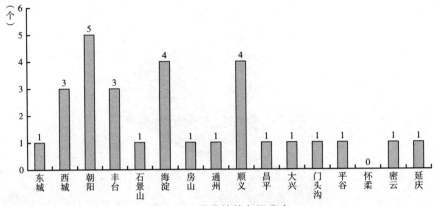

图 2-4　科技馆的各区分布

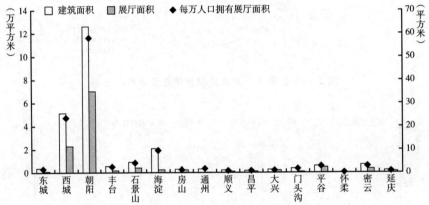

图 2-5　科技馆建筑面积、展厅面积及每万人拥有展厅面积的各区分布

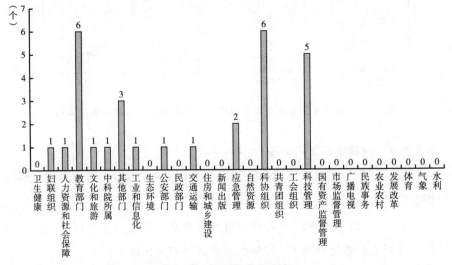

图 2-6　科技馆部门分布

表 2 - 3 2017 年各部门科技馆参观人数

部门	当年参观人数(人次)	占全部的比例(%)
卫生健康	0	0.00
妇联组织	174000	3.70
人力资源和社会保障	5117	0.11
教育部门	60696	1.29
文化和旅游	179080	3.81
中科院所属	4000	0.09
其他部门	91600	1.95
工业和信息化	1000	0.02
生态环境	0	0.00
公安部门	15000	0.32
民政部门	0	0.00
交通运输	3200	0.07
住房和城乡建设	0	0.00
新闻出版	0	0.00
应急管理	32400	0.69
自然资源	0	0.00
科协组织	4020576	85.57
共青团组织	0	0.00
工会组织	0	0.00
科技管理	112145	2.39
国有资产监督管理	0	0.00
市场监督管理	0	0.00
广播电视	0	0.00
民族事务	0	0.00
农业农村	0	0.00
发展改革	0	0.00
体育	0	0.00
气象	0	0.00
水利	0	0.00

2.2 科学技术博物馆

2.2.1 科学技术博物馆的总体情况

截至 2017 年年底，北京共有建筑面积在 500 平方米及以上的科学技术博物馆 82 个，建筑总面积合计 1039394 平方米，展厅面积合计 406354 平方米，参观人数共计 24385834 人次（见表 2 - 4），平均每万人拥有科学技术博物馆建筑面积 478.83 平方米。

如图 2 – 7 所示，2017 年科学技术博物馆建筑面积增加 153984 平方米，展厅面积增加 84148 平方米，使得展厅面积占建筑面积的比例由 2016 年的 36.39% 上升到 2017 年的 39.09%。

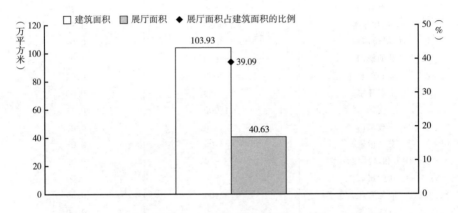

图 2 – 7　2017 年科学技术博物馆展厅面积占建筑面积的比例

各级别的科学技术博物馆分布情况如表 2 – 4 所示。区级科技馆建设规模较小，平均每馆建筑面积 9319.68 平方米，平均每馆展厅面积 3402.47 平方米。

表 2 – 4　2017 年各级别科学技术博物馆的相关数据

单位级别	科学技术博物馆/个	建筑面积/平方米	展厅面积/平方米	参观人数/人次
中央在京	19	322884	128384	10120588
市级	29	399641	162286	8557987
区级	34	316869	115684	5707259
合计	82	1039394	406354	24385834

2.2.2　科学技术博物馆的地区分布

2017 年，首都功能核心区（东城、西城）、城市功能拓展区（朝阳、丰台、石景山、海淀）、城市发展新区（房山、通州、顺义、昌平、大兴）和生态涵养发展区（门头沟、平谷、怀柔、密云、延庆）拥有科学技术博物馆数量比例分别为 30.49%、41.46%、10.98% 和 17.07%（见图 2 – 8）。

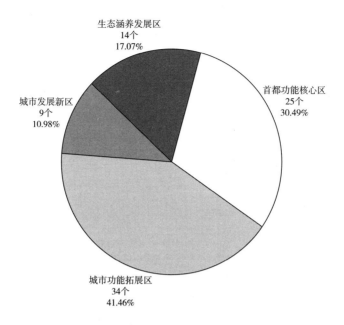

图 2-8　北京 4 个功能区科学技术博物馆数量及所占比例

由图 2-9 可以看出，从北京地区每万人口拥有科学技术博物馆展厅面积的角度来看，首都功能核心区、城市功能拓展区、城市发展新区和生态涵养发展区每万人口拥有展厅面积分别为 85.32 平方米、79.67 平方米、8.72 平方米和 13.49 平方米。

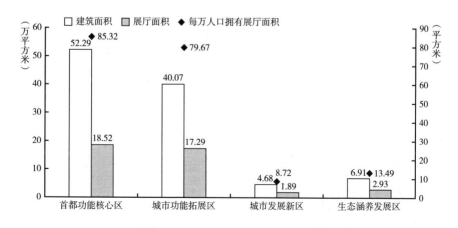

图 2-9　北京 4 个功能区科学技术博物馆建设规模及每万人口拥有展厅面积

　　目前北京地区科学技术博物馆的各区分布呈现不均衡状态。图 2 – 10 反映出北京地区科学技术博物馆在 16 个区的分布情况。2017 年，在北京地区拥有的 82 个科学技术博物馆中，西城、海淀、朝阳、东城、延庆、密云 6 个区共有 67 个，占北京地区科学技术博物馆总数的 81.71%；而丰台、房山、昌平、石景山等 10 个区只有 15 个科学技术博物馆。图 2 – 11 反映出北京 16 个区科学技术博物馆建筑面积、展厅面积及每万人口拥有展厅面积的分布情况。

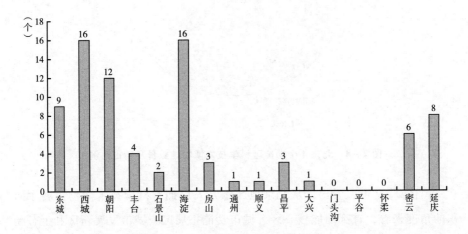

图 2 – 10　科学技术博物馆的区分布

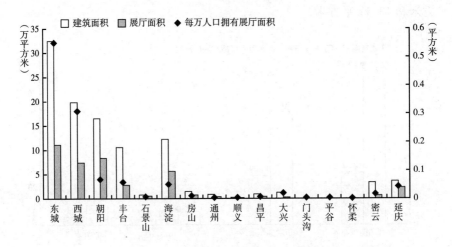

图 2 – 11　科学技术博物馆建筑面积、展厅面积及每万人口
拥有展厅面积的区分布

2.2.3 科学技术博物馆的部门分布

按部门划分，北京地区的科学技术博物馆分布如图2-12所示。可以看出，文化和旅游部门、中科院所属部门和教育部门所属的科学技术博物馆数量较多。

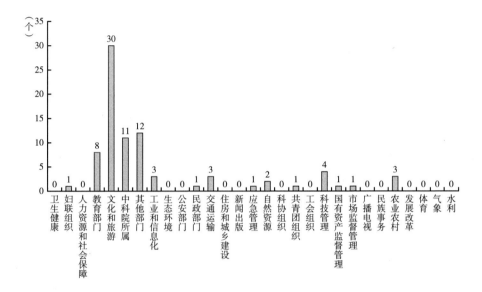

图2-12 科学技术博物馆部门分布

如表2-5所示，2017年各部门科学技术博物馆参观人次分布也同样不均衡，呈现分散状态，文化和旅游部门占比达到了61.25%，其余的部门参观人数则都比较少，有些部门呈现0参观率。

表2-5 2017年各部门科学技术博物馆参观人数

部门	当年参观人数（人次）	占全部的比例（%）
卫生健康	0	0.00
妇联组织	30000	0.12
人力资源和社会保障	0	0.00
教育部门	66321	0.27
文化和旅游	14935497	61.25
中科院所属	3271422	13.42
其他部门	4102391	16.82

部门	当年参观人数（人次）	占全部的比例（%）
工业和信息化	163200	0.67
生态环境	0	0.00
公安部门	0	0.00
民政部门	27000	0.11
交通运输	434700	1.78
住房和城乡建设	0	0.00
新闻出版	0	0.00
应急管理	11865	0.05
自然资源	409000	1.68
科协组织	0	0.00
共青团组织	70000	0.29
工会组织	0	0.00
科技管理	271614	1.11
国有资产监督管理	15446	0.06
市场监督管理	428	0.00
广播电视	0	0.00
民族事务	0	0.00
农业农村	576950	2.37
发展改革	0	0.00
体育	0	0.00
气象	0	0.00
水利	0	0.00

2.3 青少年科技馆站

2.3.1 青少年科技馆站的总体情况

截至 2017 年年底，北京共有建筑面积在 500 平方米及以上的青少年科技馆站 12 个，全部青少年科技馆站建筑面积合计 40875 平方米，展厅面积合计 10650 平方米，参观人数共计 78880 人次，平均每万人拥有青少年科技馆站建筑面积 18.83 平方米（见表 2 - 6）。2017 年青少年科技馆站展厅面积占建筑面积的比例为 26.16%（见图 2 - 13）。

各级别的青少年科技馆站分布情况如表 2 - 6 所示。青少年科技馆站平均建筑面积 3406.25 平方米，平均展厅面积 887.50 平方米；市级青少年科技馆站平均每馆年吸引公众参观 10000 人次，区级青少年科技馆站平均每馆年吸引公众参观约 6262 人次。

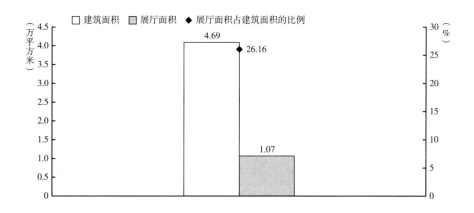

图 2 - 13　2017 年青少年科技馆站展厅面积占建筑面积的比例

表 2 - 6　2017 年各级别青少年科技馆站的相关数据

单位级别	青少年科技馆站 500 平方米及以上的/个	建筑面积/平方米	展厅面积/平方米	参观人数/人次
中央在京	0	0	0	0
市级	1	1800	1400	10000
区级	11	39075	9250	68880
合计	12	40875	10650	78880

2.3.2　青少年科技馆站的地区分布

2017 年，首都功能核心区（东城、西城）、城市功能拓展区（朝阳、丰台、石景山、海淀）、城市发展新区（房山、通州、顺义、昌平、大兴）和生态涵养发展区（门头沟、平谷、怀柔、密云、延庆）拥有青少年科技馆站数量比例分别为 33.33%、41.67%、0.00% 和 25.00%（见图 2 - 14）。

由图 2 - 15 可以看出，从北京地区每万人拥有青少年科技馆站展厅面积

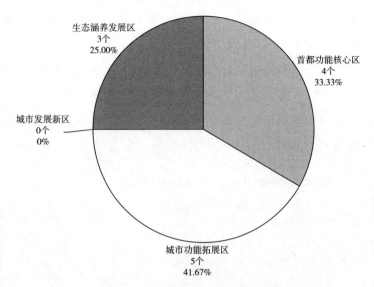

图 2 - 14　北京 4 个功能区青少年科技馆站数量及所占比例

的角度来看，首都功能核心区、城市功能拓展区、城市发展新区和生态涵养
发展区每万人拥有展厅面积分别为 1.80 平方米、1.31 平方米、0.00 平方米
和 1.80 平方米。

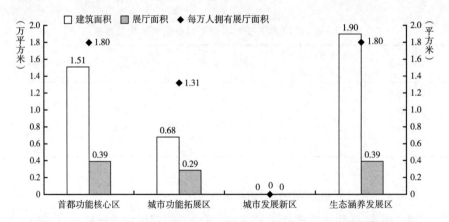

图 2 - 15　北京 4 个功能区青少年科技馆站建设规模及每万人拥有展厅面积

目前北京地区青少年科技馆站的各区分布呈现不均衡状态。图 2 - 16 反
映出北京地区青少年科技馆站在 16 个区的分布情况。2017 年，在北京地区
的 12 个青少年科技馆站中，丰台、东城、西城、怀柔 4 个区共有 9 个，占

北京地区青少年科技馆站总数的 75.00%；而朝阳、海淀、平谷 3 个区共有 3 个青少年科技馆站；石景山、房山、通州、顺义、昌平、大兴、门头沟、密云、延庆 9 个区青少年科技馆站建设为 0。

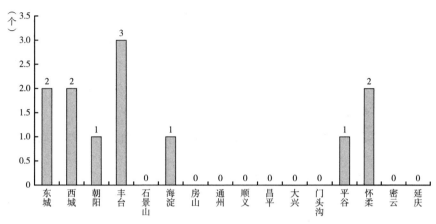

图 2-16　青少年科技馆站的各区分布

2.3.3　青少年科技馆站的部门分布

按部门划分，北京地区青少年科技馆站的分布如图 2-17 所示。可以看出，教育部门较多，有 8 个，卫生健康部门有 2 个，文化和旅游部门和其他部门各有 1 个，其余部门青少年科技馆站数量为 0。

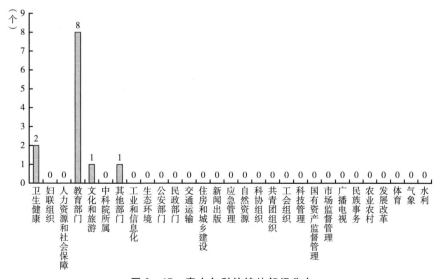

图 2-17　青少年科技馆站部门分布

2.4 公共场所科普宣传场地

公共场所科普宣传场地主要指科普画廊、城市社区科普（技）专用活动室、农村科普（技）活动场地和科普宣传专用车。

截至 2017 年年底，本市共有科普画廊 3414 个，城市社区科普（技）专用活动室 1582 个，农村科普（技）活动场地 1870 个，科普宣传专用车 84 辆。

2.4.1 科普画廊

科普画廊主要是指在公共场所建立的用于向社会公众介绍科普知识的橱窗，这种宣传形式在我国城乡都非常普遍。

截至 2017 年年底，北京地区共有科普画廊 3414 个，比 2016 年的 5335 个减少了 36.01%（见图 2 – 18）。

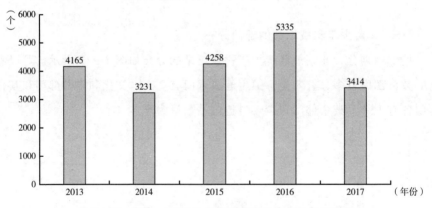

图 2 – 18　2013 ~ 2017 年北京地区科普画廊数量的变化

从科普画廊的级别分布来看，由市级单位建设的科普画廊占 80.05%，区级单位建设的科普画廊占 17.08%，中央在京单位建设的科普画廊占 2.87%（见图 2 – 19）。

图 2 – 20 所示是 2012 ~ 2017 年首都功能核心区、城市功能拓展区、城市发展新区、生态涵养发展区拥有科普画廊的分布情况及数量变化情况。其中，城市发展新区 1094 个，比 2016 年的 2608 个减少 1514 个，而城市功能拓展区为 632 个，比 2016 年的 1030 个减少 398 个。

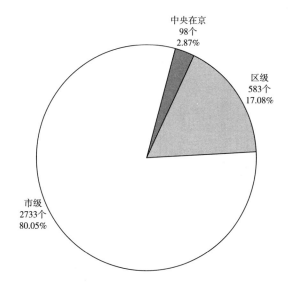

图 2-19 2017 年北京地区科普画廊级别分布

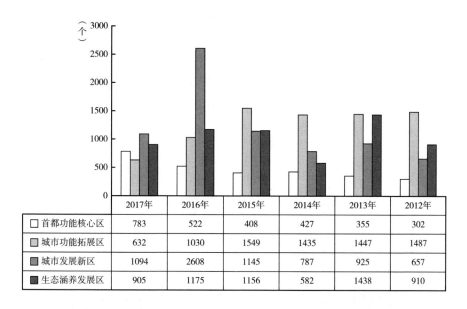

	2017年	2016年	2015年	2014年	2013年	2012年
□ 首都功能核心区	783	522	408	427	355	302
▨ 城市功能拓展区	632	1030	1549	1435	1447	1487
▨ 城市发展新区	1094	2608	1145	787	925	657
■ 生态涵养发展区	905	1175	1156	582	1438	910

图 2-20 2012~2017 年 4 个功能区科普画廊分布及变化情况

图 2-21 所示是北京地区科普画廊在各区的分布状况。2017 年排在前列的分别是：西城区、怀柔区、房山区和门头沟区。

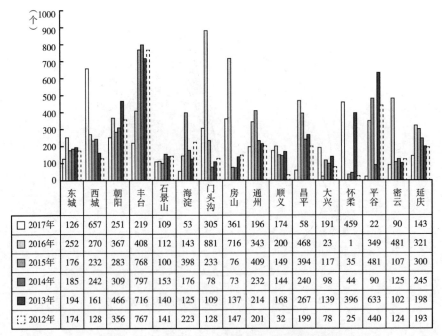

	东城	西城	朝阳	丰台	石景山	海淀	门头沟	房山	通州	顺义	昌平	大兴	怀柔	平谷	密云	延庆
□ 2017年	126	657	251	219	109	53	305	361	196	174	58	191	459	22	90	143
□ 2016年	252	270	367	408	112	143	881	716	343	200	468	23	1	349	481	321
□ 2015年	176	232	283	768	100	398	233	76	409	149	394	117	35	481	107	300
■ 2014年	185	242	309	797	153	176	78	73	232	144	240	98	44	90	125	245
■ 2013年	194	161	466	716	140	125	109	137	214	168	267	139	396	633	102	198
⬚ 2012年	174	128	356	767	141	223	128	147	201	32	199	78	25	440	124	193

图 2 – 21   2012~2017 年各区科普画廊分布情况

图 2 – 22 显示的是北京地区各部门拥有的科普画廊数量。可以看出，科协组织、市场监督管理部门和交通运输等部门的科普画廊数量较多。本图中的其他部门主要是各区在社区建设的科普画廊。

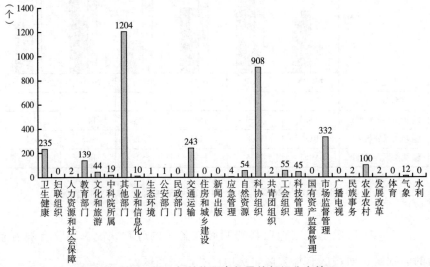

图 2 – 22   2017 年科普画廊数量的部门分布情况

2.4.2 城市社区科普（技）专用活动室

2017 年北京地区共有城市社区科普（技）活动专用室 1582 个，比 2016 年的 1297 个增加 285 个。如图 2－23 所示，社区科普（技）专用活动室在首都功能核心区、城市发展新区和生态涵养发展区均呈正增长，而在城市功能拓展区呈负增长。

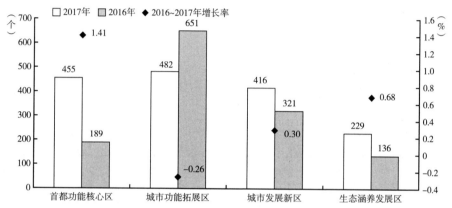

图 2－23　2016～2017 年 4 个功能区城市社区科普（技）专用活动室分布情况

不同级别单位建设的城市社区科普（技）专用活动室数量差别很大，如图 2－24 所示，市级单位建设的活动室占北京地区城市社区科普（技）专用活动室的 86.09%。

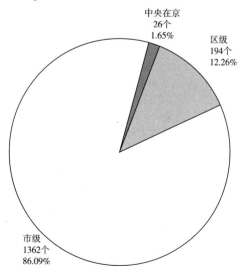

图 2－24　2017 年各级别城市社区科普（技）专用活动室数量

从各部门拥有的城市社区科普（技）专用活动室来看，除其他部门外，科协组织建设的活动室数量最多，共计 354 个，其次是公安部门 160 个、卫生健康部门 106 个和教育部门 81 个（见图 2 - 25）。图 2 - 25 显示的其他部门，主要是各区建设的城市社区科普（技）专用活动室。

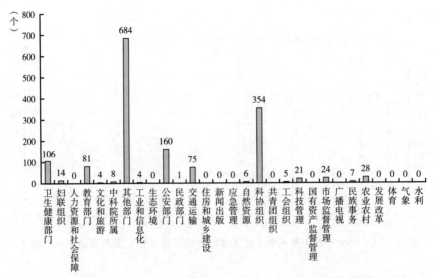

图 2 - 25　2017 年各部门城市社区科普（技）专用活动室数量

2.4.3　农村科普（技）活动场地

农村科普（技）活动场地是面向农民开展科普活动的重要阵地。2017年北京地区共有农村科普（技）活动场地 1870 个，比 2016 年的 2065 个减少 195 个。图 2 - 26 显示，各区均呈负增长。

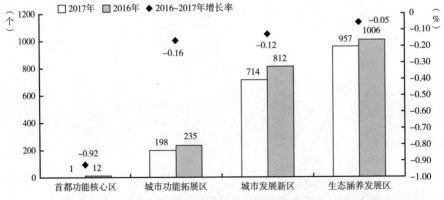

图 2 - 26　2016～2017 年 4 个功能区农村科普（技）活动场地分布情况

农村科普（技）活动场地主要由市属部门建设。如图 2 - 27 所示，市级单位拥有的农村科普（技）活动场地占全部的 95.78%。

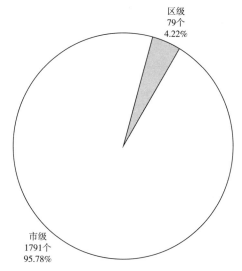

图 2 - 27 2017 年各级别农村科普（技）活动场地数量

2017 年拥有农村科普（技）活动场地数量较多的区包括延庆区、顺义区、密云区等（见图 2 - 28）。

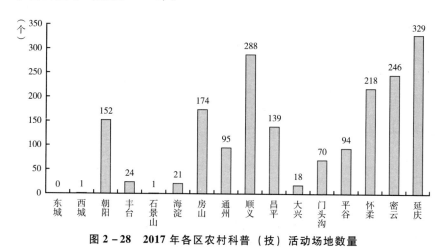

图 2 - 28 2017 年各区农村科普（技）活动场地数量

从各部门拥有的农村科普（技）活动场地数量来看，除其他部门外，科协组织、农业农村部门和交通运输部门建设的农村科普（技）活动场地最多，共计479个（见图2-29）。图2-29显示的其他部门建设农村科普（技）活动场地达1227个，这主要是由16个区乡镇村建设的。

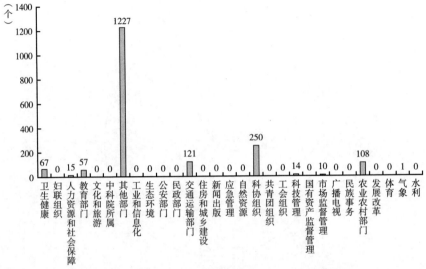

图2-29　2017年各部门农村科普（技）活动场地数量

2.4.4　科普宣传专用车

科普宣传专用车是指科普大篷车以及其他专门用于科普活动的车辆，其最大的特点是机动灵活，适合服务于偏远地区的群众。

2017年，北京地区共有科普宣传专用车84辆，比2016年的53辆增加了31辆（见图2-30）。

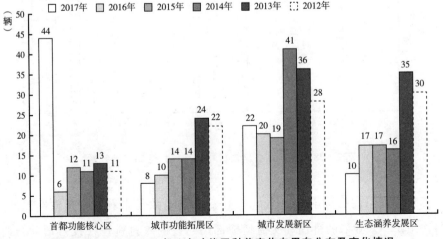

图2-30　2012～2017年4个功能区科普宣传专用车分布及变化情况

3 科普经费

统计中,科普经费年度筹集额,指本单位内可专门用于科普工作管理、研究以及开展科普活动等科普事业的各项收入之和。从资金筹集的渠道来分,主要包括政府拨款、社会捐赠、自筹资金和其他收入4个部分。其中,政府拨款是指从各级政府部门获得的用于本单位科普工作实施的经费,不包括代管经费和本单位划转到其他单位去的经费;社会捐赠是指从国内外各类团体和个人获得的专门用于开展科普活动的经费(捐物不在统计范围内);自筹资金是指本单位自行筹集的、专门用于开展科普工作的经费;其他收入是指本单位科普经费筹集额中除上述经费外的收入。

年度科普经费使用额是指本单位内实际用于科普管理、研究以及开展科普活动的全部实际支出。从支出的具体用途分析,包括行政支出;科普活动支出,指直接用于组织和开展科普活动的支出;科普场馆基建支出,指本年度内实际用于科普场馆的基本建设资金,包括场馆建设支出和展品、设施支出,前者是指实际用于场馆的土建费(场馆修缮和新场馆建设),后者即科普展品和设施添加所产生的费用两部分;其他支出,指本单位科普经费使用额中除上述支出外,用于科普工作的相关支出。

3.1 科普经费概况

3.1.1 科普经费筹集

(1)年度科普经费筹集额的构成。2017年北京地区全社会科普经费投入26.96亿元,比2016年的25.13亿元增加了1.83亿元。其中,各级政府财政拨款19.44亿元,占总投入金额的72.11%,比2016年的71.79%增加了0.32个百分点。在政府拨款的科普经费中,科普专项经费11.33亿元,比 2016 年的 12.63 亿元减少 10.29%，由此计算得出北京人均科普专项经费 52.19 元，比 2016 年的人均 58.13 元减少了 5.94 元。

2017 年科普筹集经费中，社会捐赠 0.09 亿元，比 2016 年的 0.41 亿元减少 0.32 亿元，占科普经费筹集总额的 0.33%，比 2016 年减少 1.3 个百分点；自筹资金达 6.64 亿元，比 2016 年的 5.48 亿元增加 1.16 亿元，约占总投入的 24.63%，比 2016 年的 21.81% 增加 2.82 个百分点，仍是仅次于政府拨款的筹资来源；其他收入有 0.79 亿元，比 2016 年减少 0.41 亿元，占 2.93%，比 2016 年减少 1.82 个百分点（见图 3 - 1）。

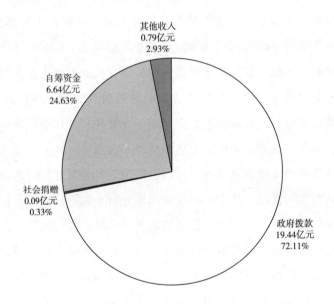

图 3 - 1　2017 年北京地区科普经费筹集额及构成

从科普经费筹集额的增长来看，2013 ~ 2017 年，政府拨款基本上稳定增长，而其他收入波动幅度较大（见表 3 - 1），这表明社会资源对科普的投入还未形成稳定的投资机制。

（2）年度科普经费筹集额的地区分布。从首都功能核心区、城市功能拓展区、城市发展新区、生态涵养发展区各区的科普经费筹集额的对比数据来看，2017 年本市科普经费投入的区域不平衡性仍旧存在（见图 3 - 2）。首都功能核心区和城市功能拓展区的科普经费筹集额占北京地区总额的 89.78%，

表 3 - 1　2013~2017 年科普经费筹集额构成的变化

	2013 年（亿元）	2014 年（亿元）	2015 年（亿元）	2016 年（亿元）	2017 年（亿元）	2013~2014 年增长率（%）	2014~2015 年增长率（%）	2015~2016 年增长率（%）	2016~2017 年增长率（%）
政府拨款	15.42	14.98	16.30	18.04	19.44	-2.85	8.81	10.67	7.76
社会捐赠	0.26	0.97	0.13	0.41	0.09	273.08	-86.60	215.38	-78.05
自筹资金	5.12	4.98	3.39	5.48	6.64	-2.73	-31.93	61.65	21.17
其他收入	0.47	0.81	1.44	1.20	0.79	72.34	77.78	-16.67	-34.16

比 2016 年的 91.32% 略有下降，减少 1.54 个百分点。城市发展新区科普经费筹集额和生态涵养发展区科普经费筹集额为 2.76 亿元。总体来看，在经济发达的地区科普经费投入相对较好，而经济发展比较落后的地区科普经费投入总体较低，这说明科普发展与经济发展之间存在一定的正相关性。

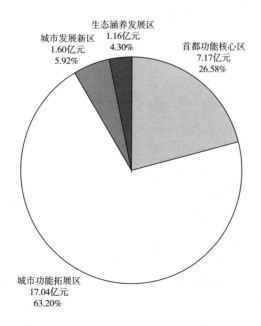

图 3 - 2　2017 年北京 4 个功能区年度科普经费筹集额及构成

从科普经费筹集额的增长率来看，2013～2017 年 4 个功能区均有增减的情况，但从实际科普经费筹集额上看，2017 年首都功能核心区维持在 7 亿元左右，城市功能拓展区维持在 17 亿元左右，城市发展新区维持在 1.6 亿元左右，生态涵养发展区维持在 1 亿元左右（见表 3－2）。

表 3－2　2013～2017 年四个功能区科普经费筹集额的变化

	2013 年 （亿元）	2014 年 （亿元）	2015 年 （亿元）	2016 年 （亿元）	2017 年 （亿元）	2013～ 2014 年 增长率 （％）	2014～ 2015 年 增长率 （％）	2015～ 2016 年 增长率 （％）	2016～ 2017 年 增长率 （％）
首都功能核心区	4.72	5.81	3.90	5.24	7.17	23.09	－32.87	34.36	36.83
城市功能拓展区	13.84	13.57	13.85	17.70	17.04	－1.95	2.06	27.80	－3.73
城市发展新区	1.53	1.62	2.05	1.35	1.60	5.88	26.54	－34.15	18.52
生态涵养发展区	1.18	0.74	1.46	0.83	1.16	－37.29	97.30	－43.15	39.76

（3）年度科普经费筹集额的层级构成。图 3－3 显示，2017 年北京地区各层级科普经费筹集额构成中，中央在京单位科普经费筹集额占北京地区的 52.35%。

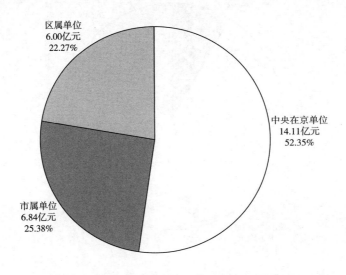

图 3－3　2017 年北京地区三级科普经费筹集额构成

表 3 - 3 显示，2017 年北京地区各层级科普经费筹集额中，市属单位科普经费筹集额有所增长，由 2016 年的 6.08 亿元增加到 2017 年的 6.84 亿元；2017 年中央在京单位科普经费筹集额达到 14.11 亿元，比 2016 年的 12.94 亿元增加 1.17 亿元；区属单位科普经费筹集额自 2013 年以来持续减少，2015 年迅速增加，2016 年、2017 年均有所减少，由 2016 年的 6.11 亿元减少至 2017 年的 6.00 亿元。

表 3 - 3　2013～2017 年北京地区各层级科普经费筹集额的变化

各层级＼年份	2013 年（亿元）	2014 年（亿元）	2015 年（亿元）	2016 年（亿元）	2017 年（亿元）	2013～2014 年增长率（％）	2014～2015 年增长率（％）	2015～2016 年增长率（％）	2016～2017 年增长率（％）
中央在京单位	10.29	10.96	10.58	12.94	14.11	6.51	-3.47	22.31	9.04
市属单位	6.20	6.31	1.51	6.08	6.84	1.77	-76.07	302.65	12.50
区属单位	4.78	4.47	9.17	6.11	6.00	-6.49	105.15	-33.37	-1.80

从图 3 - 4 可以看出，自 2013 年以来，北京地区各层级科普经费筹集额各年构成虽有增减变化，但中央在京单位的科普经费筹集额基本维持在

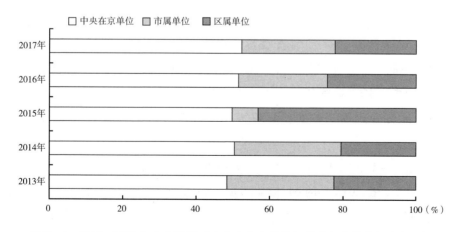

图 3 - 4　2013～2017 年北京地区（含中央在京单位）科普经费筹集额构成比较

50%左右，这说明在北京地区科普投入中，中央在京单位起着举足轻重的作用。从科普经费层级构成增减趋势来看，中央在京单位和市属单位科普经费筹集额所占比重有增有降。

3.1.2 科普经费使用

（1）科普经费使用额的构成。2017 年北京地区科普经费使用额共计约 23.26 亿元。其中行政支出 3.25 亿元，科普活动支出 15.26 亿元，科普场馆基建支出 2.17 亿元，其他支出 2.58 亿元（表 3 - 4）。

表 3 - 4 显示 2013 年至 2017 年科普经费使用额的增长率。行政支出、科普活动支出、科普场馆基建支出、其他支出年增长率均有增有减。

表 3 - 4   2013 ~ 2017 年科普经费使用额增长率

支出类别	2013 年（亿元）	2014 年（亿元）	2015 年（亿元）	2016 年（亿元）	2017 年（亿元）	2013 ~ 2014 年增长率（%）	2014 ~ 2015 年增长率（%）	2015 ~ 2016 年增长率（%）	2016 ~ 2017 年增长率（%）
行政支出	2.72	3.29	2.70	3.04	3.25	20.96	- 17.93	12.59	6.91
科普活动支出	10.61	11.29	12.63	14.43	15.26	6.41	11.87	14.25	5.75
科普场馆基建支出	2.26	2.57	1.42	3.19	2.17	13.72	- 44.75	124.65	- 31.97
其他支出	3.10	3.91	3.06	2.66	2.58	26.13	- 21.74	- 13.07	- 3.01

图 3 - 5 显示 2017 年科普经费使用额的构成比例，2017 年科普经费使用额中的大部分支出用于举办各种科普活动，占全部科普经费使用额的 65.61%；科普场馆基建支出占全部科普经费支出的 9.33%；行政支出占全部科普经费支出的 13.97%；其他支出占全部科普经费支出的 11.09%。

如图 3 - 5 和图 3 - 6 所示，2017 年用于举办各种科普活动的支出比例为 65.61%，比 2016 年的 61.88%增加了 3.73 个百分点；科普场馆基建支出比 2016 年的 13.68%减少了 4.35 个百分点；行政支出比 2016 年的 13.04%增长了 0.93 个百分点；其他支出比 2016 年的 11.41%减少了 0.32 个百分点。

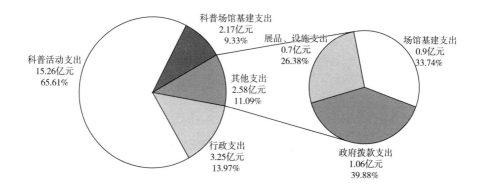

图 3 - 5　2017 年科普经费使用额的构成比例

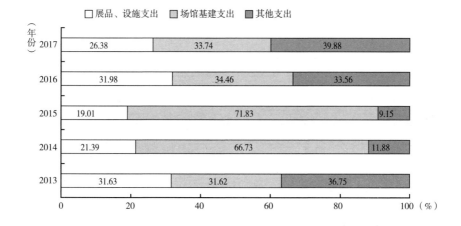

图 3 - 6　2013 ~ 2017 年科普经费使用额的构成（约数）

（2）各层级科普经费使用额构成。从各层级的科普经费支出来看（见图 3 - 7、图 3 - 8），中央在京单位科普经费使用最高，为 11.63 亿元，占 3 个层级总支出的 49.98%，比 2016 年的 53.28% 减少了 3.30 个百分点。市属单位和区属单位分别为 5.68 亿元和 5.96 亿元，所占比例分别为 24.41% 和 25.61%，市属单位使用额比 2016 年减少 2.66 个百分点，区属单位使用额增长 5.96 个百分点。

从各层级科普经费使用额的构成情况来看，在各层级的支出构成中，中

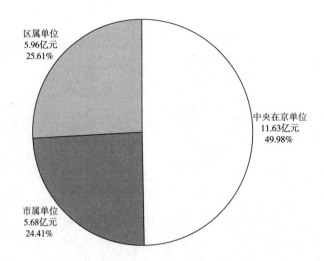

图 3 - 7 2017 年各层级科普经费使用额构成

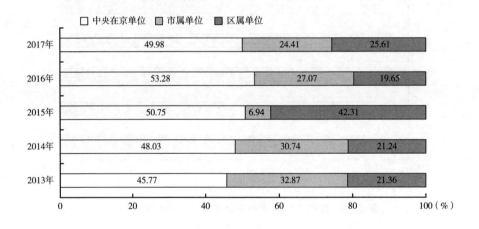

图 3 - 8 2013 ~ 2017 年各层级科普经费使用额构成（约数）

央在京单位科普活动支出的比例最大，为 72.32% ，市属单位为 70.96% ，
区属单位为 47.43% （见图 3 - 9）。

（3）各层级科普场馆基建支出构成。从各层级科普场馆基建经费使用
额的构成情况来看，各个层级的该项支出构成中，区属单位为 60.95% ，中
央在京单位和市属单位分别为 9.75% 和 29.30% （见图 3 - 10）。

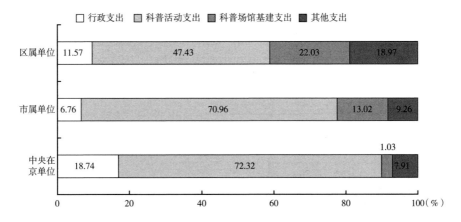

图 3 – 9 2017 年各层级科普经费使用额构成

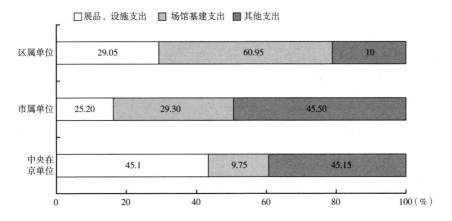

图 3 – 10 2017 年各层级科普场馆基建和展品、设施等支出经费使用额构成

3.2 区科普经费筹集及使用

3.2.1 科普经费筹集

3.2.1.1 北京地区科普经费筹集

（1）年度科普经费筹集额。从北京地区年度科普经费筹集额的总数来看（图 3 – 11），科普经费投入呈现出不均衡发展情况。排名前 6 位的朝阳区、石景山区、西城区、东城区、丰台区和大兴区的科普经费筹集额之和高

达 24.50 亿元，占北京地区总数的 90.90%。前 6 区科普经费筹集额 2017 年比 2016 年减少 1.46 个百分点。

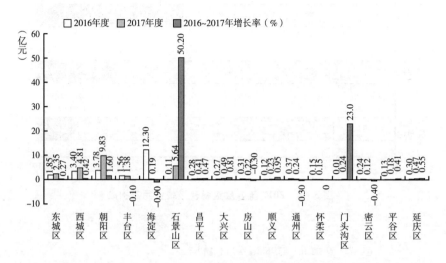

图 3-11 2016~2017 年北京地区各区科普经费筹集额及变化

（2）年度科普经费筹集额构成。从图 3-12 可以发现，各级政府财政拨款是科普经费的主要来源，政府拨款比例超过 80% 的区有大兴区、门头沟区、丰台区、平谷区、延庆区、西城区、顺义区、密云区和怀柔区 9 个区，大兴区的政府拨款比例为 97.35%。自筹资金是科普经费筹集额的另一个重要来源，其中自筹资金比例较高的区是海淀区，达到了 42.38%。

（3）人均科普专项经费。图 3-13 显示，2017 年人均科普专项经费（含中央在京单位）西城区最高，达到 123.89 元，昌平区最低，为 3.77 元。2016 年到 2017 年中央在京、市、区三级合计科普专项经费人均科普专项经费的地区差异不同，50 元以上（含 50 元）及 10 元到 50 元（含 10 元）的区数均有所下降，分别下降 1 个和 2 个；5 元到 10 元（含 5 元）及 2 元到 5 元（含 2 元）的区分别增加了 2 个和 1 个（见图 3-14）。总体上看，北京地区各区人均科普专项经费发展仍不均衡。

3.2.1.2 北京市（不含中央在京单位）科普经费筹集

（1）年度科普经费筹集额。从北京地区市属及区属单位年度科普经费

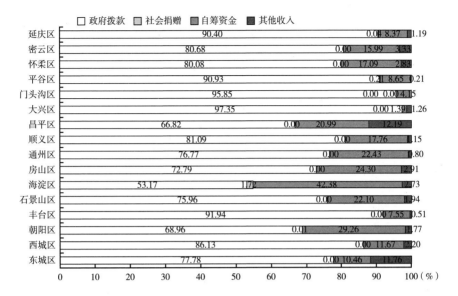

图 3-12 2017年北京地区各区科普经费筹集额构成（约数）

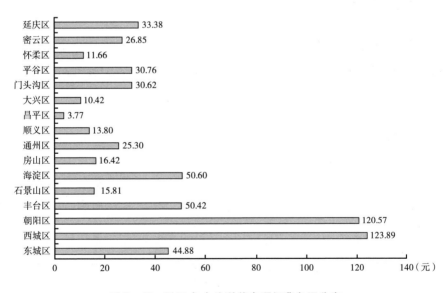

图 3-13 2017年人均科普专项经费各区分布

筹集额总数来看，排名前五位的朝阳区、西城区、东城区、丰台区和海淀区的科普经费筹集额之和高达 9.95 亿元，较 2016 年的 8.65 亿元增加 1.3 亿元（见图 3-15），其占北京地区市属及区属单位年度科普经费筹集额总数

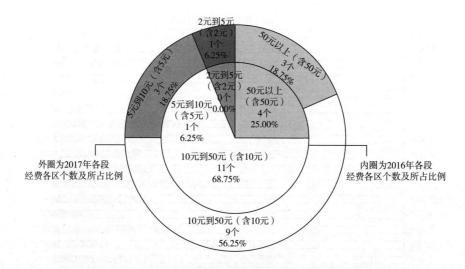

图 3 - 14　2016 ~ 2017 年人均科普专项经费各段区个数分布

的比例从 2016 年的 81.65% 减少到 2017 年的 77.51%。各区科普经费筹集额有向均衡发展的趋势。

（2）年度科普经费筹集额构成。从图 3 - 16 可见，各级政府财政拨款是科普经费的主要来源，政府拨款比例超过 90% 的有大兴区、门头沟、海

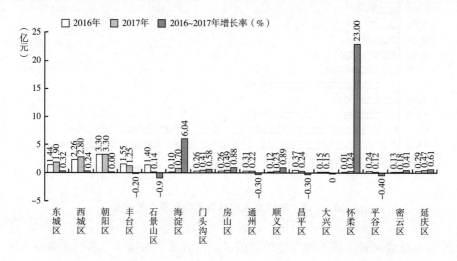

图 3 - 15　2016 ~ 2017 年各区（不含中央在京单位）科普经费筹集额变化

淀区、丰台区、平谷区和延庆区6个区。自筹资金是科普经费筹集额的另一个重要来源，其中自筹资金比例较高的区是朝阳区、石景山区、房山区和通州区，分别达34.62%、26.32%、24.30%和22.43%。

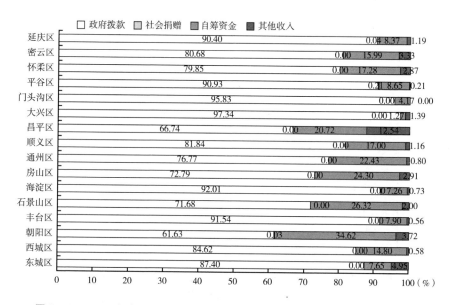

图3-16 2017年各区（不含中央在京单位）科普经费筹集额构成（约数）

（3）市区二级人均科普专项经费。图3-17显示，2017年与2016年相比，市区二级人均科普专项经费，有8个区呈负增长，有西城、朝阳、丰台、海淀、通州、顺义、门头沟和延庆8个区呈正增长。从市区二级人均科普专项经费的增长情况来看，2017年与2016年相比绝大多数区增减幅度较为平稳，东城区、石景山区、西城区增减幅度较大（见图3-17）。从图3-13和图3-17可以看出，朝阳区和海淀区人均科普专项经费受中央在京单位影响较大，2017年朝阳区和海淀区含中央在京单位人均科普专项经费为120.57元和50.60元，不含中央在京单位人均科普专项经费为19.10元和7.54元；其他区受中央在京单位的影响较小。

（4）2016年到2017年，市区二级人均科普专项经费（不含中央在京单位）各段区个数分布有所变化：2元到5元（含2元）的个数未发生变化，

50 元以上（含 50 元）由 2 个减少到 1 个，10 元到 50 元（含 10 元）由 10 个增加到 13 个，5 元到 10 元（含 5 元）由 3 个减少到 1 个（见图 3-18）。

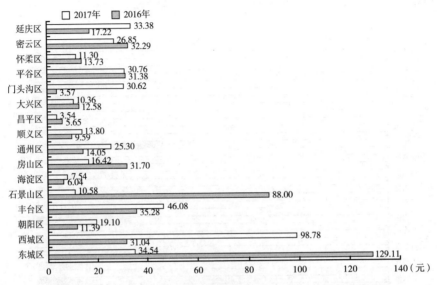

图 3-17　2016～2017 年人均科普专项经费（不含中央在京单位）
地区分布及变化

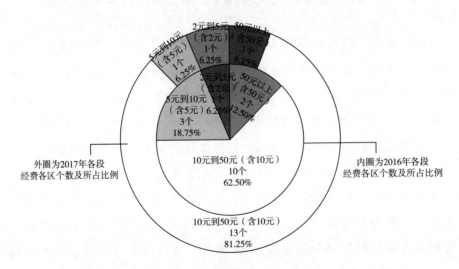

图 3-18　2016～2017 年人均科普专项经费（不含中央在京单位）
各段区个数分布

3.2.1.3 区属单位（不含中央在京单位和市属单位）科普经费筹集

（1）年度科普经费筹集额。从北京地区区属单位年度科普经费筹集额总数来看，科普经费投入同样呈现出不均衡发展。排名前三位的朝阳区、丰台区和西城区的科普经费筹集额之和为3.01亿元，占北京地区区属单位年度科普经费筹集额总数的50.17%。其他13个区科普经费投入总额在2.99亿元（见图3-19）。

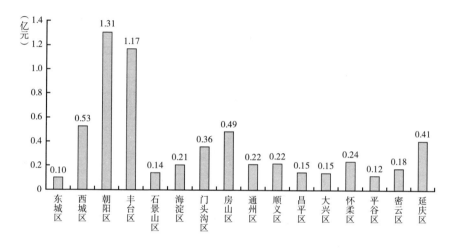

图3-19 2017年各区本级科普经费筹集额

（2）年度科普经费筹集额构成。科普经费主要依靠财政拨款。从图3-20可以看出，各区政府财政拨款是科普经费的主要来源，政府拨款比例超过90%的区有大兴区、门头沟区、海淀区、西城区、丰台区和平谷区共6个。自筹资金是科普经费筹集额的另一个重要来源，其中自筹资金比例较高的区有朝阳区、石景山区和通州区，分别达32.14%、26.32%和22.03%。

（3）各区本级人均科普专项经费。图3-21显示，2017年各区本级人均科普专项经费丰台区最高，达到44.17元，昌平区最低，为3.43元。从图3-13和图3-21可以看出，2017年西城区、朝阳区和海淀区人均科普专项经费仍受中央在京单位以及市属单位影响较大，含中央在京单位及市属单位人均科普专项经费为123.89元、120.57元和50.60元；不含中央在京

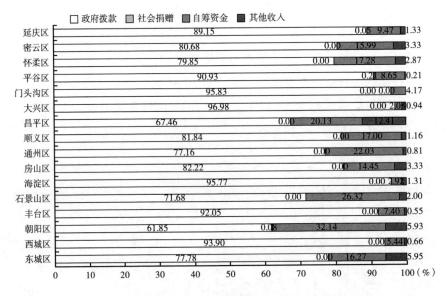

图 3 – 20　2017 年各区本级科普经费筹集额构成（约数）

单位及市属单位人均科普专项经费分别为 21.87 元、10.55 元和 3.43 元；其他区受中央在京单位及市属单位的影响较小。相对较大的东城区人均科普专项经费由 44.88 元降到 7.44 元。

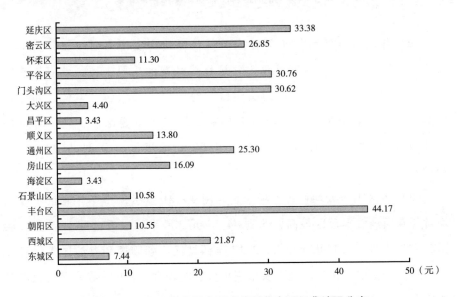

图 3 – 21　2017 年各区本级人均科普专项经费地区分布

2016 年到 2017 年，各区本级人均科普专项经费各段区个数分布差异变化，50 元以上（含 50 元）由 2 个减少到 0 个，10 元到 50 元（含 10 元）由 8 个增加到 12 个，5 元到 10 元（含 5 元）由 4 个减少到 1 个，2 元到 5 元（含 2 元）由 2 个增加到 3 个（见图 3 – 22）。总体上看，北京地区各区区属单位人均科普专项经费有向均衡发展的趋势。

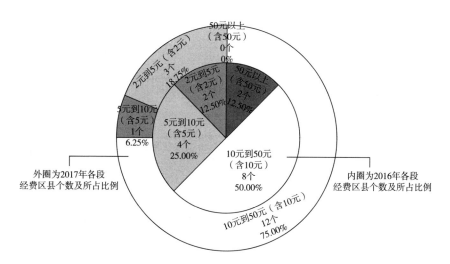

图 3 – 22　2016～2017 年各区本级人均科普专项经费各段区个数分布

3.2.2　科普经费使用

3.2.2.1　北京地区科普经费使用

（1）年度科普经费使用额与筹集额。从图 3 – 23 可以看出，年度科普经费使用额和年度科普经费筹集额是密切相关的，尽管各区年度科普经费使用额差异很大，但科普经费的使用额和筹集额基本持平。

（2）年度科普经费使用额构成。从各区科普经费使用额的具体构成来看，科普活动支出是大多数区科普经费最主要的使用方向。2017 年北京地区科普活动支出 15.26 亿元，占全部科普经费使用额 23.26 亿元的 65.61%，科普活动支出大于 80% 的有东城区、海淀区和昌平区 3 个区（见图 3 – 24）。

（3）科普场馆基建支出构成。2017 年北京地区用于科普场馆基建支出的经费总额为 2.17 亿元，比 2016 年的 1.97 亿元增加了 0.2 亿元。

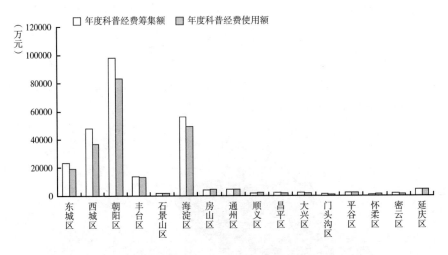

图 3 - 23　2017 年北京地区各区科普经费使用额与筹集额对比

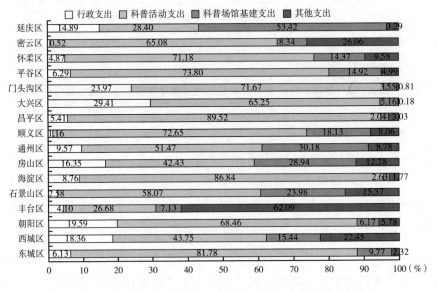

图 3 - 24　2017 年北京地区各区科普经费使用额构成（约数）

　　从科普场馆基建支出中政府投入上看，北京地区政府投入科普场馆建设仅占 16.82%，政府拨款超过均值的有朝阳区、房山区、通州区、顺义区、昌平区、平谷区、怀柔区和延庆区 8 个区（见图 3 - 25）。

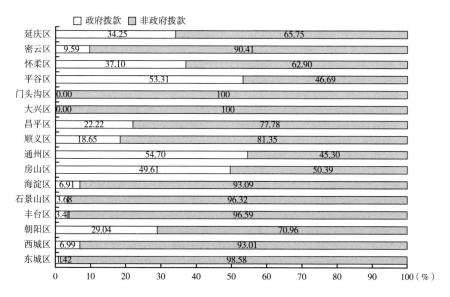

图 3－25　2017 年各区科普场馆基建支出中政府与非政府拨款额比例（约数）

3.2.2.2　北京市（不含中央在京单位）科普经费使用

（1）年度科普经费使用额与筹集额对比。从图 3－26 可以看出，北京市部分区年度科普经费使用额和年度科普经费筹集额受中央在京单位的影响

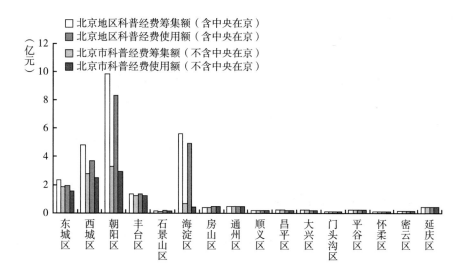

图 3－26　2017 年北京各区含与不含中央在京单位科普经费使用额与筹集额对比

较大，其年度科普经费使用额和年度科普经费筹集额均占北京地区的近一半。朝阳区、海淀区和西城区市属及区属单位科普经费筹集额占含中央在京单位的 33.61%、12.49% 和 58.21%，房山区、通州区、平谷区、密云区和延庆区 5 个区无影响，另外 8 个区影响相对较小。

（2）年度科普经费使用额构成。从各区科普经费使用额的具体构成来看，科普活动支出是大多数区科普经费最主要的使用方向。2017 年北京市科普活动支出 6.85 亿元，占全部科普经费使用额 11.63 亿元的 58.90%。其中东城区、顺义区、昌平区、门头沟区、平谷区和怀柔区 6 个区科普活动支出在 70% 以上，其中，东城区和昌平区 2 个区的科普活动支出超过 85%（见图 3 - 27）。

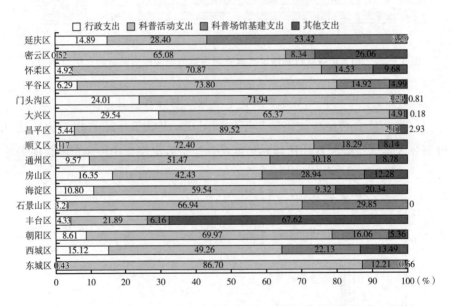

图 3 - 27　2017 年各区（不含中央在京单位）科普经费使用额构成（约数）

3.3　部门科普经费筹集及使用

3.3.1　北京地区各部门科普经费筹集及使用

3.3.1.1　北京地区各部门科普经费筹集

从各部门的科普经费筹集额来看，科协组织是各部门中最高的，2017

年科协组织科普经费筹集额达 122776 万元。科普经费筹集额较高的部门还包括广播电视部门、中科院所属部门、教育部门和自然资源部门等。图 3 – 28 和图 3 – 29 为 2017 年部门科普经费筹集额及构成情况。

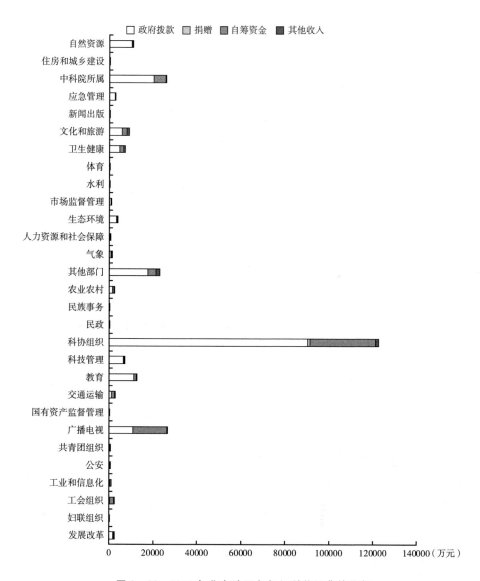

图 3 – 28　2017 年北京地区各部门科普经费筹集额

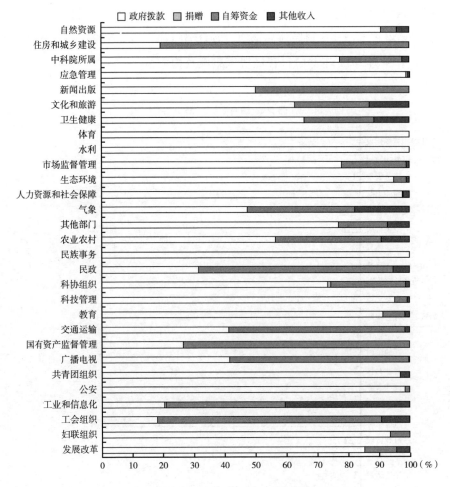

图 3 - 29　2017 年各部门科普经费筹集额构成情况

　　各部门的科普经费最主要的来源是政府拨款，其中，科协组织的政府拨款额高达 9.04 亿元，中科院所属部门以 2.04 亿元位居其次。从构成来看，民族事务部门、水利部门和体育部门的科普经费筹集额，来自政府拨款的比例均为 100%；妇联组织、公安部门、共青团组织、教育部门、科技管理部门、人力资源和社会保障部门、生态环境部门、应急管理部门、自然资源部门的科普经费筹集额，来自政府拨款的比例也高达90% 以上（见图 3 - 30）。这说明政府在这些部门的科普经费筹集中起着主导作用。

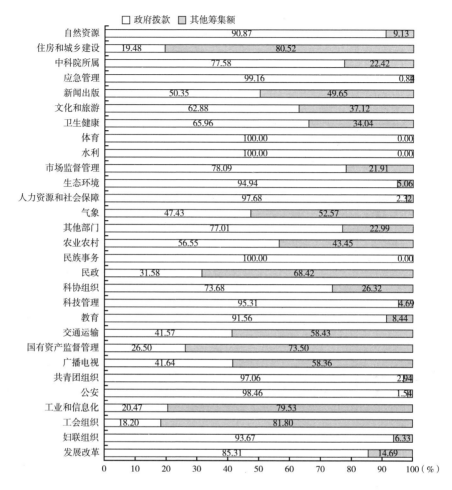

图 3 – 30　2017 年各部门政府拨款数额占科普
经费筹集额的比例（约数）

　　自筹资金是仅次于政府拨款的重要组成部分，各部门的科普经费中自筹资金所占比例平均值为 25.20%。从图 3 – 31 可以看出，工会组织部门、国有资产监督管理部门、住房和城乡建设部门等部门的自筹资金比例较高，自筹经费高达 70% 以上。广播电视部门、交通运输部门和民政部门等部门的科普经费超过 50% 都是来自自筹资金。

　　各部门科普经费中社会参与程度依然较低。图 3 – 32 显示，社会捐赠在29 个部门的经费筹集额中所占的比例均较小，平均每部门接受捐赠经费

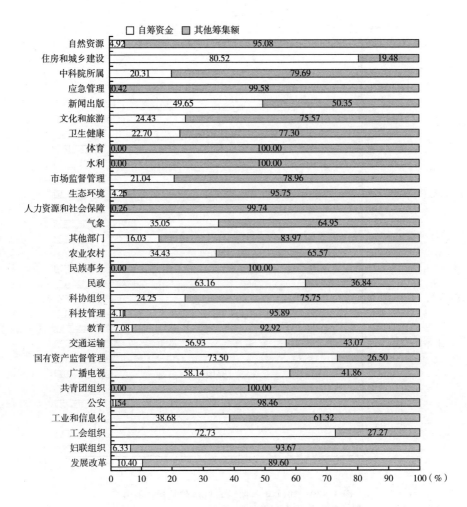

图 3-31　2017 年各部门自筹资金数额占科普经费
筹集额的比例（约数）

34.07 万元，仅占经费筹集额的 0.37％。其中，科协组织获得捐助资金 946
万元，捐赠资金占筹集资金的 0.35％。

3.3.1.2　北京地区各部门科普经费使用

图 3-33、图 3-34、图 3-35 和图 3-36 为 2017 年北京地区各部门科
普经费使用额及构成情况。由此可见，科普活动支出是各部门科普经费中最
主要的支出项目，同时，也反映出各部门科普经费使用情况各有侧重。

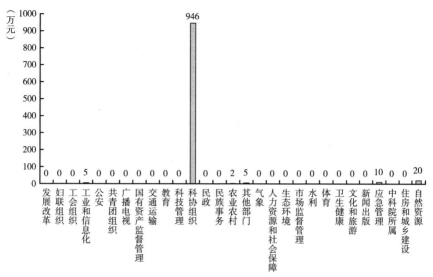

图 3 - 32 2017 年各部门社会捐赠数额

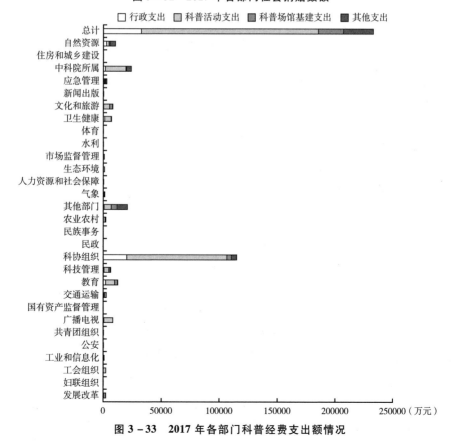

图 3 - 33 2017 年各部门科普经费支出额情况

科普活动支出额超过科普经费使用额 80% 的有工会组织、共青团组织、广播电视部门、人力资源和社会保障部门、生态环境部门、水利部门、体育部门、新闻出版部门共 8 个，其中，工会组织部门、广播电视部门、人力资源和社会保障部门、水利部门和体育部门的科普活动支出占科普经费使用额的比例达到 90% 以上（见图 3 - 34）。

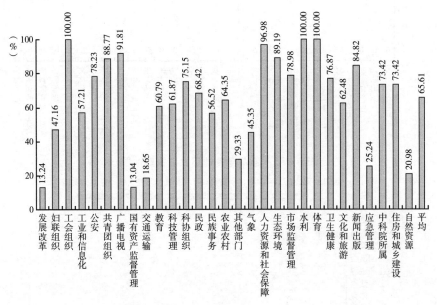

图 3 - 34　2017 年各部门科普活动支出占科普经费支出额比例

科普场馆基建支出额超过科普经费使用额 50% 的有发展改革部门、交通运输部门。其中，发展改革部门超过 70%（见图 3 - 35）。

行政支出额超过科普经费使用额 20% 的有交通运输部门、应急管理部门和自然资源部门 3 个。其中，自然资源部门行政支出占科普经费使用额最高，为 25.74%（见图 3 - 36）。

其他支出额超过科普经费使用额 20% 的有妇联组织、国有资产监督管理部门、住房和城乡建设部门、自然资源部门、应急管理部门和其他部门 6 个。其中，国有资产监督管理部门占科普经费使用额达 50% 以上（见图 3 - 37）。

3.3.2　北京市（不含中央在京单位）各部门科普经费筹集及使用

3.3.2.1　北京市各部门科普经费筹集

从北京市各部门的科普经费筹集额来看，2017 年度科协组织的科普经

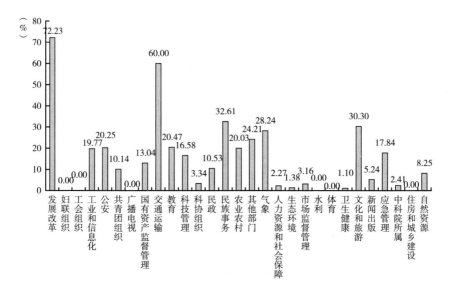

图 3－35　2017 年各部门科普场馆基建支出额占使用额比例

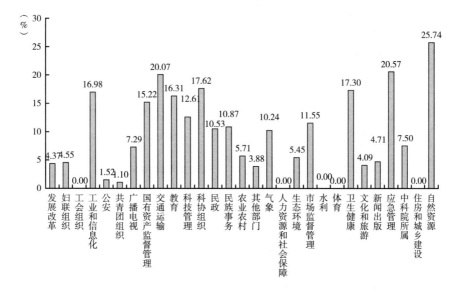

图 3－36　2017 年各部门行政支出额占使用额比例

费筹集额最高，达 26323 万元。其他科普经费筹集额较高的部门还包括广播电视部门、教育部门、科技管理部门和中科院所属部门、文化和旅游部门等（见图 3－38）。

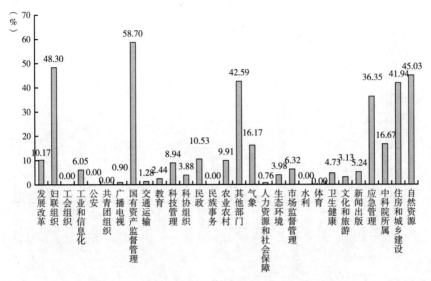

图 3 - 37　2017 年各部门其他支出额占使用额比例

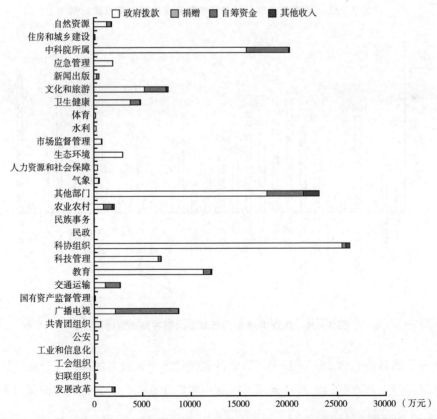

图 3 - 38　2017 年北京市（不含中央在京单位）各部门科普经费筹集额

图 3 – 39 显示了 2017 年北京市各部门科普经费筹集额的构成情况。在 29 个有科普经费筹集额的部门中，20 个部门政府拨款占科普经费筹集额的比例超过 70%，充分说明，北京市各部门科普经费筹集最主要的来源是政府拨款。

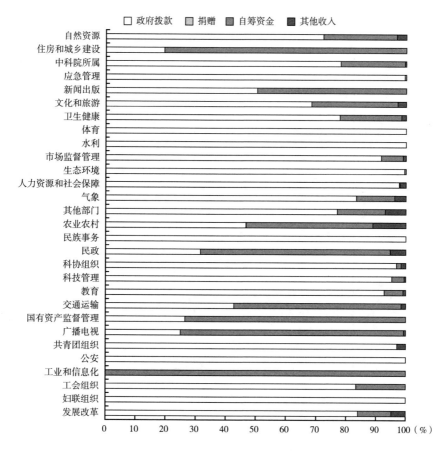

图 3 – 39　2017 年北京市各部门科普经费
筹集额构成情况

自筹资金是北京市各部门科普经费筹集的另一个重要来源，各部门的科普经费筹集额中自筹资金占科普经费筹集额的平均值约为 24.52%。图 3 – 40 显示，有 10 个部门高于平均值，其中，工业和信息化部门、广播电视部门、国有资产监督管理部门、交通运输部门、民政部门、住房和城乡建设部门自筹科普经费超过 50%，工业和信息化部门为 100%。

在北京市各部门科普经费筹集过程中社会参与程度依然较低。社会捐赠在这 29 个部门的经费筹集额中所占的比例均较小，其中仅科协组织、农业农村部门、应急管理部门和其他部门有捐助资金，捐助资金总额为 18 万元，仅占科普经费筹集额的 0.01%。

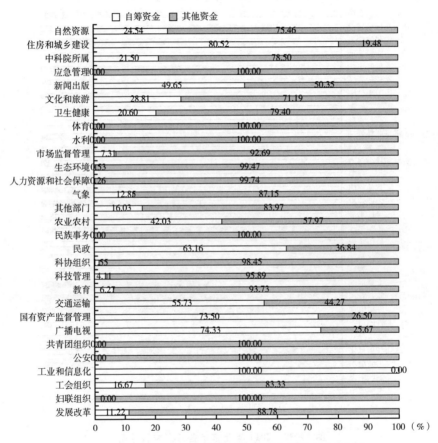

图 3-40 2017 年北京市各部门自筹资金数额占科普经费
筹集额的比例（约数）

3.3.2.2 北京市各部门科普经费使用

图 3-41、图 3-42、图 3-43 和图 3-44 为 2017 年北京市各部门科普经费使用额及构成情况。由此可见，北京市科普活动支出是各部门科普经费中最主要的支出项目，同时，也反映出各部门科普经费使用情况各有侧重。

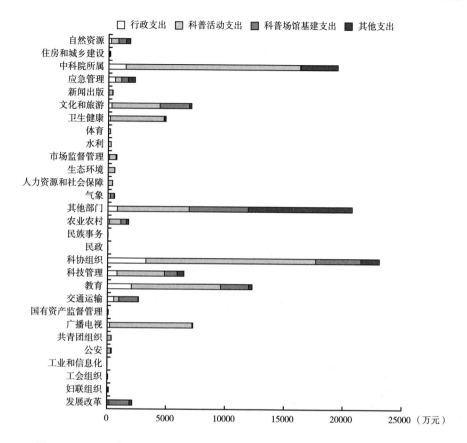

图 3 - 41 2017 年北京市（不含中央在京单位）各部门科普经费使用额及构成

科普场馆基建支出额超过科普经费使用额 30% 的有发展改革部门、交通运输部门、气象部门、文化和旅游部门和自然资源部门 5 个部门。其中，发展改革部门科普场馆基建支出额占比达到 79.73%（见图 3 - 43）。

行政支出额超过科普经费使用额 20% 的有交通运输部门和应急管理部门 2 个部门。其中，交通运输部门的行政支出为 20.65%，应急管理部门的行政支出为 25.58%（见图 3 - 44）。

其他支出额超过科普经费使用额 40% 的有妇联组织部门、国有资产监督管理部门、住房和城乡建设部门和其他部门 4 个部门。其中，国有资产监督管理部门和妇联组织部门的其他支出额超过科普经费使用额的 50%，国有资产监督管理部门的其他支出占比为 58.70%（见图 3 - 45）。

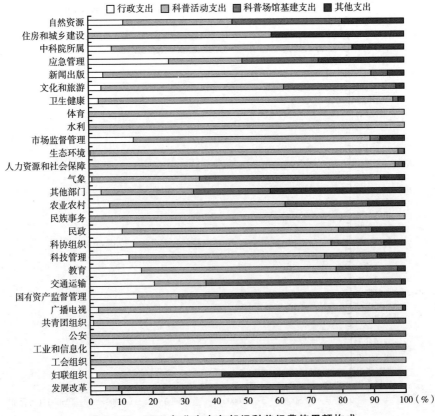

图 3 - 42　2017 年北京市各部门科普经费使用额构成

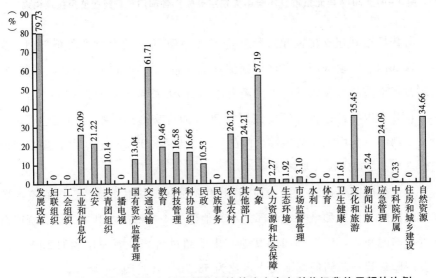

图 3 - 43　2017 年北京市各部门科普场馆基建支出占科普经费使用额的比例

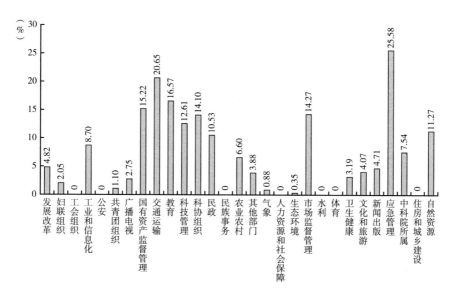

图 3 – 44　2017 年北京市各部门行政支出占科普经费使用额的比例

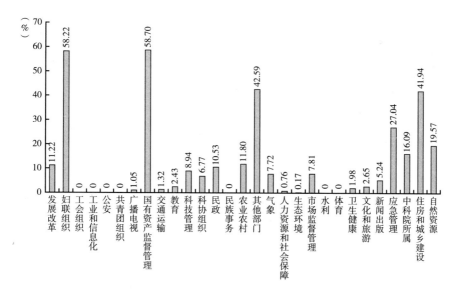

图 3 – 45　2017 年北京市各部门其他支出占科普经费使用额的比例

4　科普传媒

科普传媒是公众接受科学文化知识的一个重要途径。从科普知识载体的形式上分，科普传媒可以分为印刷媒介（包括图书、期刊、报纸）、电化媒介（包括广播、电视）、电子化媒介（主要包括音像制品）和网络媒介。

4.1　科普图书、期刊和科技类报纸

4.1.1　科普图书

2017 年北京地区出版科普图书 4241 种，比 2016 年北京地区出版科普图书 3572 种增加 669 种。2017 年北京地区出版科普图书 46317098 册，比 2016 年北京地区出版科普图书 28695217 册增加 17621881 册。北京地区单种图书平均发行量为 10921.27 册。

图 4 - 1 和图 4 - 2 显示的是 2017 年度北京地区科普图书出版种数和科普图书发行册数的结构图。由图所示，北京市属出版社出版科普图书种数仅

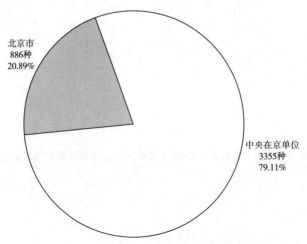

图 4 - 1　北京地区科普图书出版种数结构

占北京地区的 20.89%。主要原因是，北京市属出版社的数量和规模远远小于中央在京单位所属出版社。

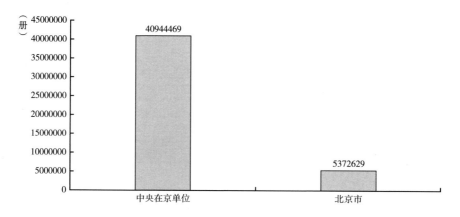

图 4 - 2 北京地区出版科普图书发行册数结构图

图 4 - 3 和图 4 - 4 显示的是 2012 ~ 2017 年北京地区科普图书出版种数和发行册数的对比情况。从图中可以看出，中央在京单位所属出版社出版的科普图书种数及发行册数基本呈平稳发展态势；北京市属出版社出版的科普图书种数与发行册数，2012 ~ 2016 年呈逐年上升又有所回落又继续上升的波动趋势，2017 年增加到 4241 种，其发行量为 46317098 册，比 2016 年的 28695217 册增加了 17621881 册。

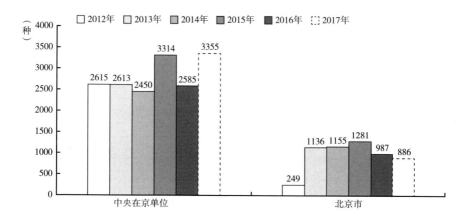

图 4 - 3 2012 ~ 2017 年中央在京单位、北京市科普图书出版种数对比

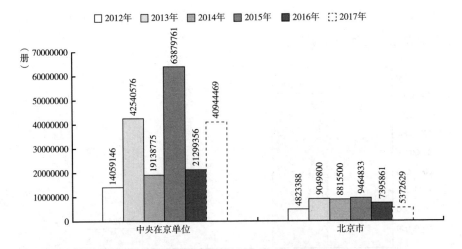

图 4 - 4　2012 ~ 2017 年中央在京单位、北京市科普图书发行册数对比

4.1.2　科普期刊

如表 4 - 1 所示，近年来，无论是图书出版总种数与出版总册数，还是单种科普期刊平均发行册数，北京地区科普期刊出版业主要集中于中央在京单位。2012 ~ 2017 年，中央在京单位科普期刊机构科普期刊出版总种数、出版总册数、每种期刊平均出版册数明显多于北京市科普期刊出版机构。6 年平均中央在京单位科普期刊出版单位出版科普期刊总种数、出版总册数分别占北京地区的 72.71%、82.57%。

表 4 - 1　2012 ~ 2017 年北京地区科普期刊出版情况

		中央在京单位	北京市	北京地区	中央在京单位占北京地区的比例（%）
出版总种数（种）	2012 年	53	28	81	65.43
	2013 年	56	11	67	83.58
	2014 年	59	9	68	86.76
	2015 年	86	37	123	69.92
	2016 年	85	16	101	84.16
	2017 年	66	51	117	56.41
	6 年平均	67.50	25.33	92.83	72.71

		中央在京单位	北京市	北京地区	中央在京单位占北京地区的比例（%）
出版总册数（万册）	2012 年	3838	614	4452	86.21
	2013 年	4010	345	4355	92.08
	2014 年	1164	215	1379	84.41
	2015 年	1535	390	1925	79.74
	2016 年	3358	208	3566	94.17
	2017 年	5745	2377	8122	70.73
	6 年平均	3275	691.5	3966.5	82.57
每种期刊平均出版册数（万册/种）	2012 年	72.42	21.93	54.96	65.43
	2013 年	71.61	31.36	65.00	83.58
	2014 年	19.73	23.89	20.28	86.76
	2015 年	17.85	10.54	15.65	69.92
	2016 年	39.51	13.00	35.31	75.21
	2017 年	87.05	46.61	69.42	56.41

图 4-5 与图 4-6 显示，北京地区科普期刊出版种数大致呈上升趋势，北京市和中央在京单位科普期刊出版种数均出现波动，2017 年中央在京单位科普期刊出版种数同比减少了 19 种，北京市同比增加了 35 种。

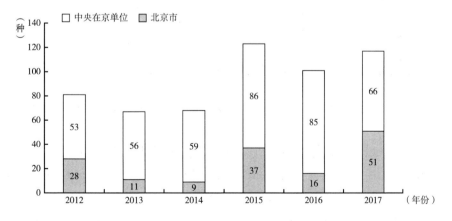

图 4-5 2012～2017 年北京地区中央在京单位与北京市科普期刊出版种数变化

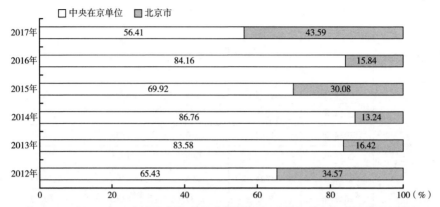

图 4 - 6　2012～2017 年中央在京单位出版科普期刊种数占北京地区的比例变化

图 4 - 7 与图 4 - 8 显示，北京地区（含中央在京单位）科普期刊发行数量呈从高到低，再到高，波浪式发展，2014 年达到 5 年来最低。北京市科普期刊发行数量从 2012 年的 3838 万册下降到 2014 年的 1164 万册，2017 年上涨到 5745 万册。

图 4 - 7　2012～2017 年北京地区中央在京单位与北京市科普期刊出版册数变化

北京地区科普期刊出版从部门分布上看，除其他部门外，教育部门达到 17 种，超过 10 种科普期刊出版部门的还有科协组织、农业农村部门、中科院所属部门和自然资源部门。部门期刊发行量最高的工业和信息化部门，发行量达 116 万册，科协组织和新闻出版部门等科普期刊发行量也分别达到 104 万册、96 万册（见图 4 - 9、图 4 - 10）。

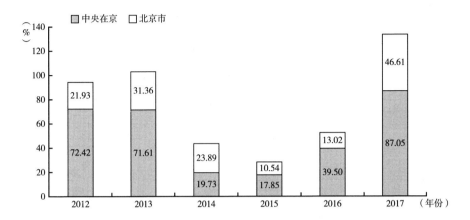

图4-8　2012～2017年中央在京单位与北京市属单位平均每种科普
期刊发行册数占比变化

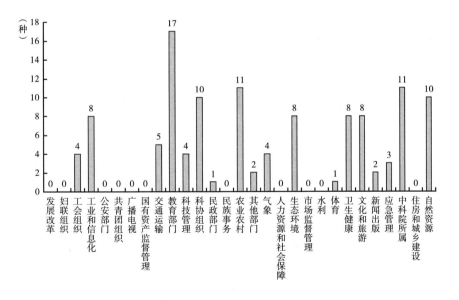

图4-9　北京地区各部门科普期刊出版种数

4.1.3　科技类报纸

从表4-2可以看出，2017年北京地区科技类报纸发行量与2016年相
比明显减少，这可能与现代信息传播媒介变化有关。

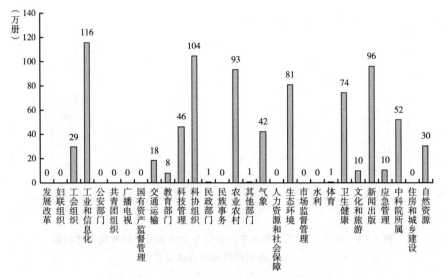

图 4 - 10   北京地区各部门科普期刊发行册数

表 4 - 2   2011～2017 年北京地区科技类报纸发行情况

	年份（年）	中央在京单位	北京市	北京地区
	2011	4991.93	67.00	5058.93
	2012	5501.06	70.00	5571.06
	2013	7002.33	50.00	7052.33
发行总份数 （万份）	2014	2135.60	50.00	2185.60
	2015	2810.00	9245.00	12055.00
	2016	7296.60	525.58	7822.18
	2017	1609.59	1112.62	2722.21

4.2   电台、电视台科普（技）节目

科普（技）节目是指电台、电视台播出的面向社会大众的以普及科技知识、倡导科学方法、传播科学思想、弘扬科学精神为主要目的的节目。科普（技）电视节目和科普（技）广播节目具有传播范围广、传播信息及时和生动等特点，是开展科普宣传的重要传播渠道，具有不可替代的作用。

4.2.1   电台科普（技）节目

2017 年北京地区广播电台共播出科普（技）节目 12428 小时，比 2016 年的

9497 小时增加了 2931 小时，其中，中央在京单位所属广播电台播出科普（技）节目为 4881 小时比 2016 年的 7684 小时减少 2803 小时；北京市属电台播出科普（技）节目为 7547 小时比 2016 年的 1813 小时增加 5734 小时（见图 4 - 11）。

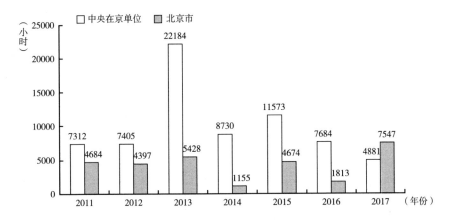

图 4 - 11　2011 ~ 2017 年中央在京单位、北京市电台播出科普（技）节目时间对比

图 4 - 12 显示，2011 ~ 2017 年北京地区中央在京单位、北京市电台播出科普（技）节目时间所占比重变化，中央在京单位电台播出科技（普）节目的时间在北京地区播出时间所占比重有所下滑，由 2016 年的 80.32%下降到 2017 年 39.27%。

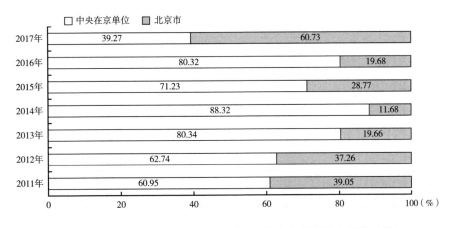

图 4 - 12　2011 ~ 2017 年中央在京单位、北京市电台播出科普（技）节目时间所占比重变化

4.2.2　电视台科普（技）节目

2017 年北京地区电视台共播出科普（技）节目时间 9141 小时，比 2016 年的 13329 小时减少 4188 小时，自 2011 年以来，北京市属和区属电视台播出科普（技）节目时间平稳增长，只有 2015 年有较大变动（见图 4－13）。

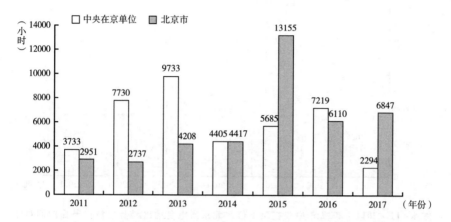

图 4－13　2011～2017 年中央在京单位、北京市电视台播出科普（技）节目时间对比

图 4－14 显示，2011～2017 年中央在京单位、北京市电视台播出科普（技）节目时间所占比重变化，北京市属及区属电视台播出科技（普）节目的时间在北京地区播出的比重呈整体上升趋势，已由 2011 年的 44.15% 上升到 2017 年的 74.91%。

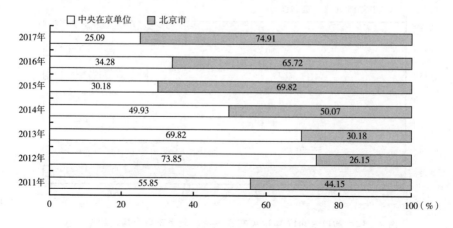

图 4－14　2011～2017 年中央在京单位、北京市电视台播出科普（技）
节目时间所占比重变化

4.3 科普音像制品网站

4.3.1 科普音像制品

2017 年北京地区共出版各类科普音像制品 349 种，比 2016 年的 170 种增加 179 种。北京市属单位出版 58 种，比 2016 年的 170 种减少 112 种（见图 4 – 15）。

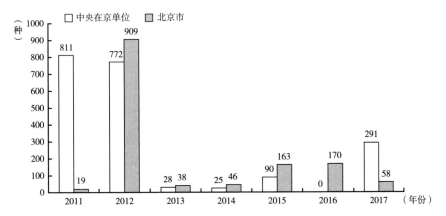

图 4 – 15　2011～2017 年北京地区中央在京单位与北京市科普音像制品出版种数对比

2017 年北京地区共出版各类科普音像制品 173.30 万册，比 2016 年的 35.72 万册增加了 137.58 万册。其中，2017 年中央在京单位出版 47.90 万册，北京市单位出版 125.40 万册（见图 4 – 16）。

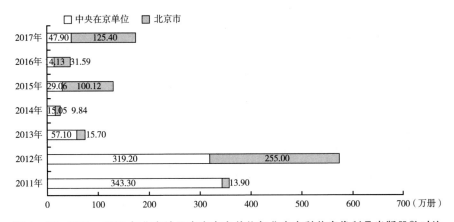

图 4 – 16　2011～2017 年北京地区中央在京单位与北京市科普音像制品出版册数对比

4.3.2 科普网站

科普网站是指由政府财政投资建设的专业科普网站，政府机关的电子政务网站不在统计范围之内。

从图 4－17 可以看出，北京地区各层级科普网站发展平稳，截至 2017 年北京地区科普网站总数达到 270 个，其中，中央在京单位建立科普网站 109 个，市属单位建立科普网站 51 个，区属单位建立科普网站 110 个。

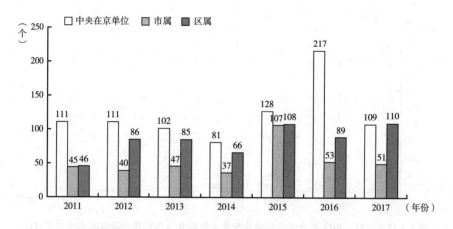

图 4－17　2011～2017 年北京地区科普网站数量变化

从北京地区科普网站数量在四个功能区分布对比可以发现，首都功能核心区和城市功能拓展区拥有北京地区 74.08％的科普网站，占北京地区科普网站的大部分（见图 4－18）。

4.4　科普读物和资料

发放科普读物和资料指的是在科普活动中发放的科普性图书、手册、音像制品等正式和非正式出版物、资料。

图 4－19 显示，北京地区各层级发放科普读物和资料，中央在京单位发放的比例最大，占北京地区的 49.27％。

如图 4－20 显示，2017 年北京地区发放科普读物和资料排在前 4 位的区分别为东城区、西城区、海淀区和朝阳区，发放量分别为 2374 万份、945 万份、295 万份和 280 万份，这 4 个区发放的科普读物和资料份数占北京地

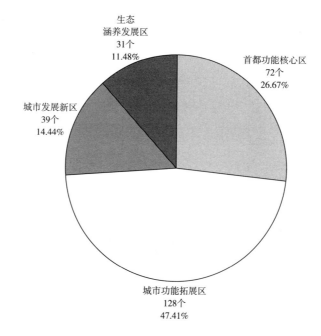

图 4-18　2017 年北京地区科普网站数量在四个功能区分布情况

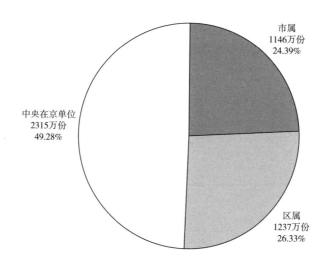

图 4-19　2017 年北京地区各层级发放科普读物和
资料的数量及所占比例

区总量的 83.35%，其中东城区一个区发放的科普读物和资料份数就占北京
地区总量的 50.80%。

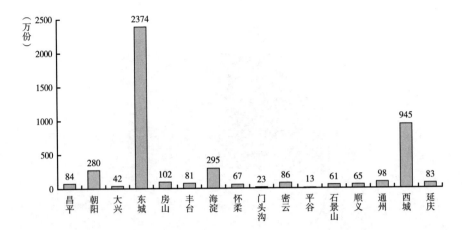

图 4-20　2017 年北京市各区发放科普读物和资料数量

5 科普活动

科普活动是普及科学技术知识、倡导科学方法、传播科学思想、弘扬科学精神的社会活动。开展科普活动是推进科普工作的主要手段，是提高公民科学素质的重要途径，是培养科技后备人才的有效方式。《中华人民共和国科普法》规定："公民有参与科普活动的权利"，"科普是全社会的共同任务，社会各界都应当组织参加各类科普活动"。

5.1 整体概况

2017 年，北京地区举办科普（技）讲座 5.28 万次，吸引了 1.05 千万人次参加；北京地区举办科普（技）展览和科普（技）竞赛 0.65 万次，共吸引了 10.69 千万人次参加活动（见表 5-1）。

表 5-1　2011～2017 年北京地区科普（技）讲座、展览和竞赛开展情况

活动类型	举办次数（万次）							参加人数（千万人次）						
	2011	2012	2013	2014	2015	2016	2017	2011	2012	2013	2014	2015	2016	2017
科普（技）讲座	5.18	6.30	5.06	4.89	4.60	6.65	5.28	1.10	1.04	0.65	0.56	0.57	0.09	1.05
科普（技）展览	0.29	0.53	0.59	0.49	0.52	0.43	0.44	2.24	2.90	3.32	3.97	4.87	3.85	5.14
科普（技）竞赛	0.33	0.38	0.33	0.30	0.34	0.24	0.21	8.31	6.07	0.51	6.50	8.46	5.85	5.55
合计	5.80	7.21	5.98	5.68	5.46	7.32	5.93	11.65	10.01	4.48	11.03	13.9	9.79	11.74

2017 年，科普（技）讲座的平均参加人次为 199.33 人次，比 2016 年的 122 人次多了 77.33 人次。科普（技）展览和竞赛活动的平均参加人次

分别为 11614.15 人次和 26222.94 人次，分别比 2016 年的 9422.89 人次和 25174.74 人次增加了 2191.26 人次和 1048.20 人次。

5.2 科普（技）讲座、展览和竞赛

5.2.1 科普（技）讲座

2017 年，科普（技）讲座举办次数比 2016 年减少约 1.37 万次。从层级来看，2017 年中央在京单位举办次数占总举办次数的比重为 8.15%，市属单位为 23.93%，而区属单位为 67.92%。与 2016 年相比，北京地区科普讲座参加人次有所增长，主要原因是市属单位的参加人次增长较多，市属举办的科普讲座参加人次所占比例从 2016 年的 43.60% 上升到 2017 年的 59.01%（见图 5 - 1、图 5 - 2）。

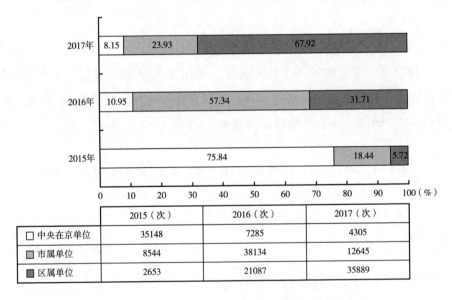

	2015（次）	2016（次）	2017（次）
□ 中央在京单位	35148	7285	4305
▨ 市属单位	8544	38134	12645
▧ 区属单位	2653	21087	35889

图 5 - 1　2015～2017 年北京地区各层级举办科普讲座的
次数及所占比例

从北京地区各功能区来看，2017 年，城市功能拓展区的科普（技）讲座举办次数与参加人次最多，分别达到约 1.84 万次和 732.02 万人次（见图 5 - 3、图 5 - 4）。

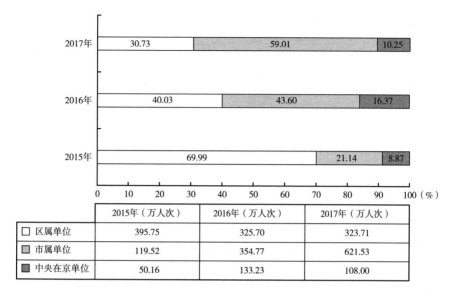

	2015年（万人次）	2016年（万人次）	2017年（万人次）
□ 区属单位	395.75	325.70	323.71
▨ 市属单位	119.52	354.77	621.53
■ 中央在京单位	50.16	133.23	108.00

图 5 - 2　2015～2017 年北京地区各层级举办科普讲座的参加人次及所占比例

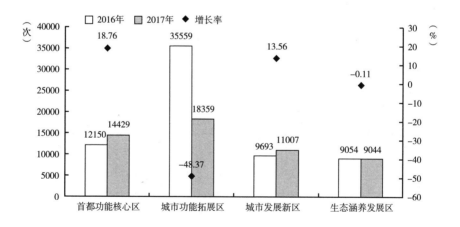

图 5 - 3　2016 年与 2017 年 4 个功能区科普（技）讲座举办次数及增长率

　　图 5 - 5 显示，从部门来看，卫生健康部门次数居首位，举办次数1.52 万余次，占北京地区科普（技）讲座次数的 28.83%；科协组织举办科普（技）讲座参加人次居首位，为 554.74 万人次，占北京地区科普（技）讲座参加人次数的 52.67%。

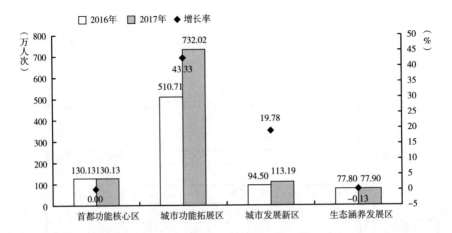

图 5 - 4 2016 年与 2017 年 4 个功能区科普（技）讲座参加人数及增长率

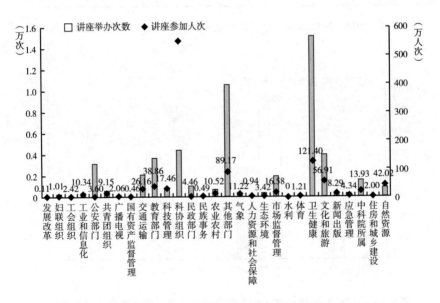

图 5 - 5 2017 年部门科普（技）讲座举办次数及参加人次比较

　　从各区来看，2017 年举办科普（技）讲座次数居前 5 位的区县分别是：朝阳区、西城区、东城区、海淀区、密云区。其中，朝阳区以 8393 次高居榜首，西城区和东城区分别以 7219 次和 7210 次居第 2 位和第 3 位（见图 5 - 6）。

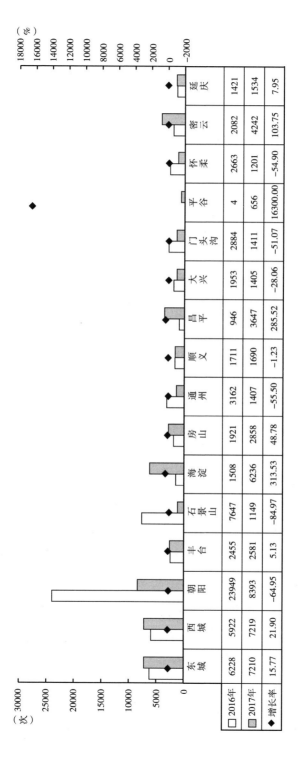

图 5－6 2016 年与 2017 年各区科普（技）讲座举办次数及增长率

	东城	西城	朝阳	丰台	石景山	海淀	房山	通州	顺义	昌平	大兴	门头沟	平谷	怀柔	密云	延庆
2016年	6228	5922	23949	2455	7647	1508	1921	3162	1711	946	1953	2884	4	2663	2082	1421
2017年	7210	7219	8393	2581	1149	6236	2858	1407	1690	3647	1405	1411	656	1201	4242	1534
增长率	15.77	21.90	−64.95	5.13	−84.97	313.53	48.78	−55.50	−1.23	285.52	−28.06	−51.07	16300.00	−54.90	103.75	7.95

从各区县来看，2017 年科普（技）讲座参加人次居前 5 位的区分别是：朝阳区、东城区、海淀区、西城区、丰台区。朝阳区超过 100 万人次以上。东城区、朝阳区、丰台区、海淀区、房山区、昌平区、平谷区和密云区 8 个区科普（技）讲座参加人数呈正增长，平谷区的增幅最大，比2016 年增长了约 7750.00%，有约 4.71 万人次的参加规模。但总体上，北京地区还有 9 个区县的科普（技）讲座参加人次比 2016 年减少，其中，石景山区和门头沟区的降幅最大，分别减少了约 81.27% 和 62.44%（见图 5 - 7）。

每万人口中听科普讲座人次排名前 5 位的区为：朝阳区、房山区、东城区、密云区、怀柔区。其中，生态涵养发展区的 2 个区入选，城市功能拓展区、城市发展新区、首都功能核心区各有 1 个区入选（见图 5 - 8）。

5.2.2 科普（技）展览

2017 年北京地区科普（技）展览举办次数比 2016 年增加了 139 次，参观人次比 2016 年增加了 1289.71 万人次。从层级来看，与 2016 年相比，2017 年市属单位科普（技）和区属单位科普（技）展览次数均有所减少，分别减少 90 次、364 次；中央在京单位科普（技）展览举办次数增加 593次；中央在京单位举办科普（技）展览参加人次减少了 567.90 万人次，使得 2017 年举办的科普（技）展览参加人次所占比例有所变化（见图 5 - 9、图 5 - 10）。

从北京地区各部门来看，2017 年，举办科普（技）展览吸引参观人次超千万人次的有文化和旅游部门、科技管理部门等，其中文化和旅游部门吸引 1921.56 万人次参观。举办科普（技）展览次数较多的有科协组织、文化和旅游部门、教育部门和科技管理部门等，其中，最多的部门是科协组织部门，多达 798 次（见图 5 - 11）。

从北京地区 16 个区举办科普（技）展览的地域分布来看，2017 年在朝阳、海淀、西城区、顺义区和丰台区五个区举办科普（技）展览次数较多，合计次为 3027 次，占总次数的 68.41%，西城区、东城区、海淀

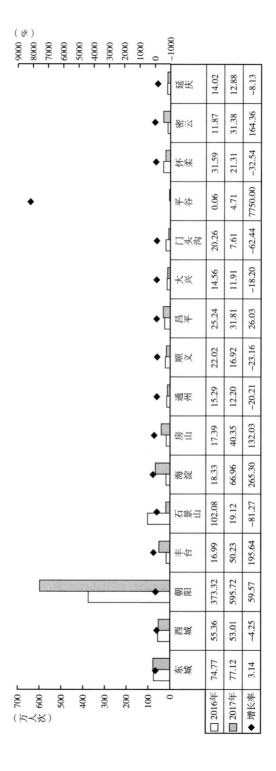

图 5 - 7　2016 年与 2017 年各区科普讲座参加人次及增长率

	东城	西城	朝阳	丰台	石景山	海淀	房山	通州	顺义	昌平	大兴	门头沟	平谷	怀柔	密云	延庆
2016年	74.77	55.36	373.32	16.99	102.08	18.33	17.39	15.29	22.02	25.24	14.56	20.26	0.06	31.59	11.87	14.02
2017年	77.12	53.01	595.72	50.23	19.12	66.96	40.35	12.20	16.92	31.81	11.91	7.61	4.71	21.31	31.38	12.88
增长率	3.14	-4.25	59.57	195.64	-81.27	265.30	132.03	-20.21	-23.16	26.03	-18.20	-62.44	7750.00	-32.54	164.36	-8.13

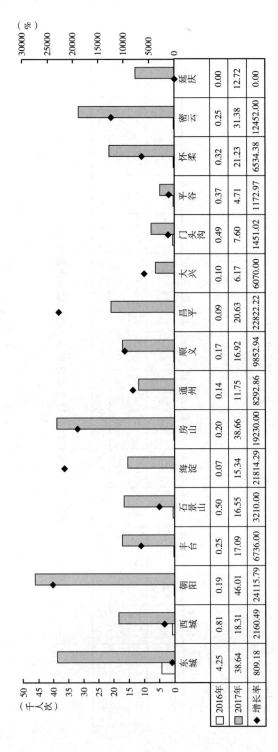

图 5 - 8　2016～2017 年各区每万人口中听科普讲座人次及增长率

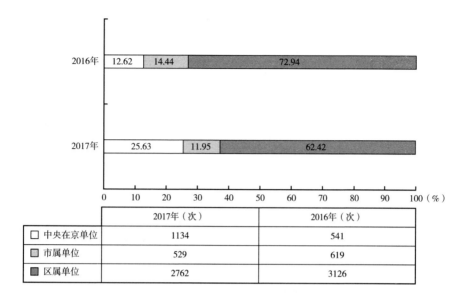

图 5 - 9　2016 ~ 2017 年北京地区各层级举办科普（技）展览的次数及所占比例

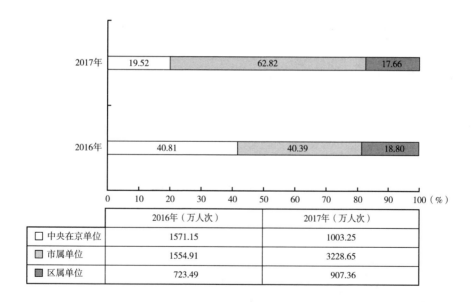

图 5 - 10　2016 ~ 2017 年北京地区各层级举办科普（技）展览的参观人次及所占比例

区、朝阳区和丰台区吸引参观公众较多，达 4636.96 万人次，占总参观人次约 90.23%（见图 5 - 12）。

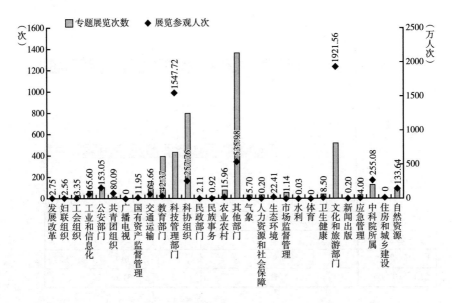

图 5 – 11　2017 年北京地区各部门科普（技）展览举办次数及参观人次

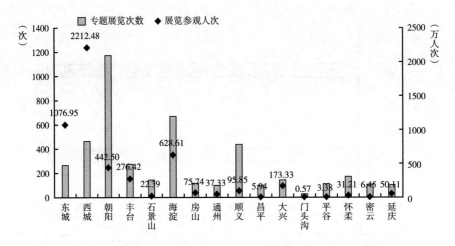

图 5 – 12　2017 年北京地区科普（技）展览举办次数及参观人次

5.2.3　科普（技）竞赛

2017 年北京地区科普（技）竞赛举办次数比 2016 年减少了 251 次，参加人次比 2016 年增加了 4532.92 万人次。从层级来看，与 2016 年相比，2017 年中央在京单位和区属单位科普（技）竞赛举办次数均有所减少，分别减少 65 次、224 次；市属单位科普（技）竞赛举办次数增加 38 次；区属单位的参加人次增加了 8.73 万人次，中央在京单位占比从 2016 年的 76.51% 增加到 2017 年 96.42%（见图 5 - 13、图 5 - 14）。

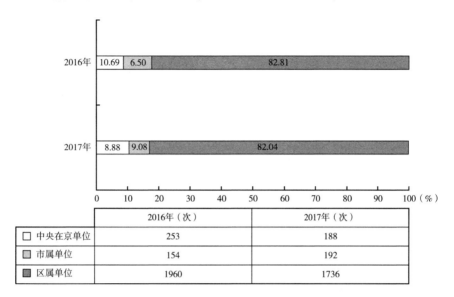

图 5 - 13　2016～2017 年北京地区各层级举办科普（技）竞赛的次数及所占比例

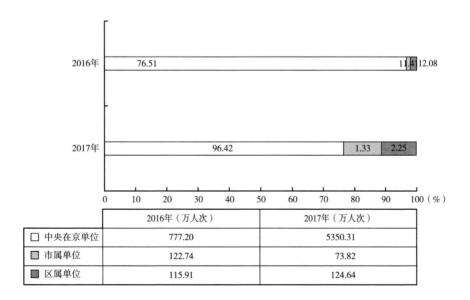

图 5 - 14　2016～2017 年北京地区各层级举办科普（技）竞赛的参与人次及所占比例

从以上统计数据中不难看出，中央在京单位统计数据包含了国家管理部门开展某项科技竞赛的全国数据，不足以反映北京市的基本情况。因此，以下仅以分析北京市的数据为基础数据。

从各部门统计数据来看，2017 年，文化和旅游部门处于领先优势，在科普（技）竞赛举办次数上排名第 1 位，共开展科普（技）竞赛 481 次，占北京市总数约 7.31%，吸引了 1571.56 万人次参加。科技管理部门在科普（技）竞赛举办次数上排名第 2 位，共开展科普（技）竞赛 432 次，占北京市总数约 6.56%，吸引了 1547.72 万人次参加（见图 5 – 15）。

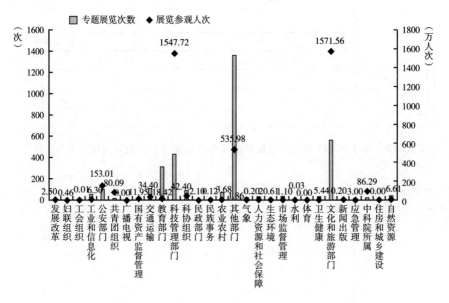

图 5 – 15　2017 年北京市各部门科普（技）竞赛举办次数及参加人次

从各区统计数据来看，2017 年科普（技）专题展览次数排名前 6 位的是：朝阳区、顺义区、西城区、丰台区、海淀区和怀柔区。其中，城市功能拓展区占 3 席，首都功能核心区、城市发展新区和生态涵养发展区各占 1 席。以上 6 个区科普（技）竞赛参加人次占北京市参加总人次约 65.64%。排在前三名的东城区、朝阳区和丰台区，组织公众参加科普（技）竞赛活动人次达到 219.01 万人次、178.38 万人次和 105.90 万人次（见图 5 – 16）。

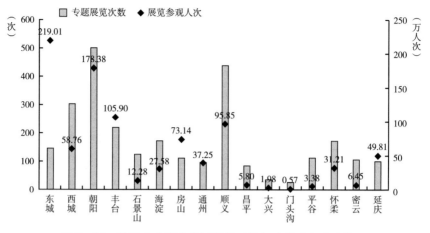

图 5 – 16　2017 年北京市各区科普（技）竞赛参加人次情况

5.3　青少年科普活动

5.3.1　青少年科普活动概况

2017 年北京地区青少年科普活动开展情况如表 5 – 2 所示，与 2016 年相比，成立青少年科技兴趣小组个数减少 19.47%，由 4140 个减少到 3334 个，但参加人数增长了 17.80%；2017 年举办科技夏（冬）令营 1574 次，同比上升 14.81%，科技夏（冬）令营参加人数为 199108 人次，同比下降 20.32%。

5.3.2　青少年科技兴趣小组

2017 年，各层级青少年科技兴趣小组参加人次的比重，除中央在京单位增加之外，区属及市属单位均有所减少，其中，市属单位比 2016 年减少了 1.13 个百分点，区属单位减少了 32.37 个百分点，而中央在京单位增加了 33.50 个百分点（见图 5 – 17）。

表 5 – 2　2016 ~ 2017 年青少年科普活动开展情况

活动类型	举办次（个）数			参加人次		
	2016 年（次/个）	2017 年（次/个）	增长率（%）*	2016 年（人次）	2017 年（人次）	增长率（%）*
青少年科技兴趣小组	4140	3334	– 19.47	330162	388933	17.80
科技夏（冬）令营	1371	1574	14.81	249884	199108	– 20.32

*增长率以四舍五入的数值计算得出，结果可能与用四舍五入后的数值计算有差异。

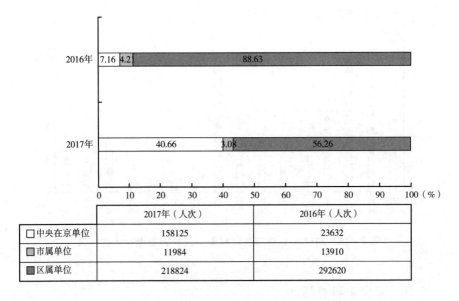

图 5 - 17　2016 ~ 2017 年北京地区各层级青少年科技兴趣小组参加人次及所占比例

从各区来看，2017 年，北京市相关单位（不含中央在京单位）开展青少年科技兴趣小组数量最多的前 6 个区是：朝阳区、西城区、顺义区、丰台区、东城区和海淀区，占 16 个区总数约 77.45%，共吸引青少年 16.71 万人次参加活动，占参加科技兴趣小组活动人次约 72.41%（见图 5 - 18）。

5.3.3　科技夏（冬）令营

从层级来看，2017 年北京地区各层级组织开展的科技夏（冬）令营活动次数，中央在京单位增加 291 次，市属单位和区属单位分别减少 48 次和 40 次。同时，各层级结构发生了如下变化：中央在京单位、市属单位和区属单位组织开展的科技夏（冬）令营活动所占比重分别由 2016 年的 25.02%、14.95% 和 60.03%，变化为 2017 年的 40.28%、9.97% 和 49.75%（见图 5 - 19）。

2017 年，中央在京单位、市属单位参与科技夏（冬）令营活动的人次均有增加，但区属单位的人数减少较多，较 2016 年减少了 66899 人次。区属单位参加人次所占比重由 2016 年的 74.83% 减少到 2017 年的 60.31%（见图 5 - 20）。

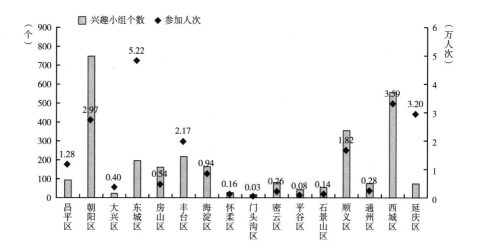

图 5 – 18　2017 年北京市各区青少年科技兴趣小组数量及参加人次

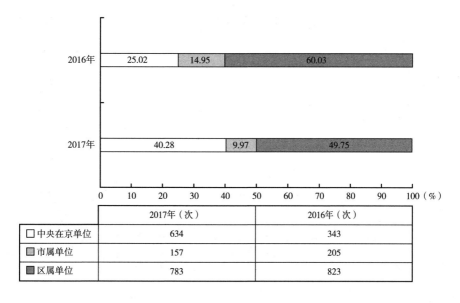

	2017年（次）	2016年（次）
□ 中央在京单位	634	343
▨ 市属单位	157	205
■ 区属单位	783	823

图 5 – 19　2016 ~ 2017 年北京地区各层级科技夏（冬）令营活动举办次数及所占比例

　　从地区来看，2017 年，北京地区组织的科技夏（冬）令营举办次数最多的前 6 个区是：西城区、朝阳区、海淀区、顺义区、丰台区和怀柔区，占 16 个区开展总数约 76.81%，共吸引青少年 9.98 万人次参加活动，占参加夏（冬）令营人次约 71.95%（见图 5 – 21）。

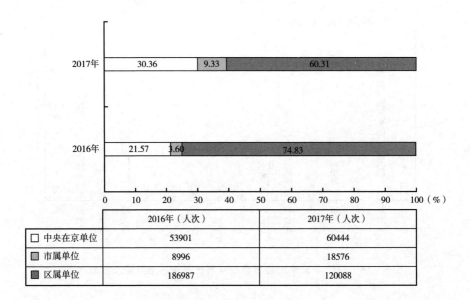

	2016年（人次）	2017年（人次）
□ 中央在京单位	53901	60444
▨ 市属单位	8996	18576
▓ 区属单位	186987	120088

图 5 - 20   2016～2017 年北京地区各层级科技夏（冬）令营活动参与人次及所占比例

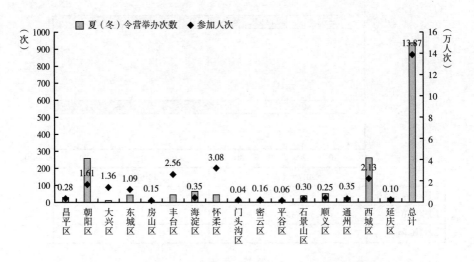

图 5 - 21   2017 年北京地区各区科技夏（冬）令营举办次数和参加人次

从北京地区各部门来看，2017 年，文化和旅游部门、教育部门、共青团组织、科技管理部门、自然资源部门和公安部门的科技夏（冬）令营举办次数位居前六位。这六个部门举办科技夏（冬）令营吸引总人次占北京地区约 46.43%（见图 5 - 22）。

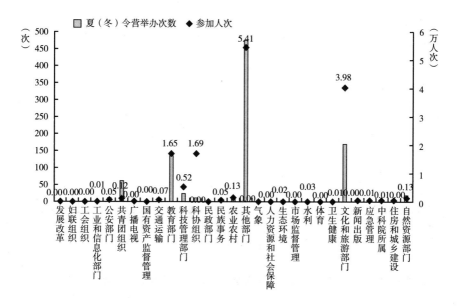

图 5 – 22　2017 年北京地区各部门科技夏（冬）令营
举办次数及参加人次

5.4　大学、科研机构向社会开放情况

根据科技部等七部委发布的《关于科研机构和大学向社会开展科普活动的若干意见》，发动具备条件的科研机构、大学、实验室向公众开放。通过组织公众参观科研机构，参与科研实践活动，增进公众对科学技术的兴趣和理解，提高公民科学素质。

2017 年，北京地区共有 797 所大学、科研机构向社会开放，比 2016 年的 807 个减少了 10 所，吸引了 950277 人次参观，平均每个开放范围接待参观 1192.32 人次，比 2016 年的 940.53 人次增加 251.79 人次，增幅为 26.77%。从各区来看，开放活动参观人次最多的 3 个区是：西城区、海淀区和朝阳区，参观人次分别是 52.83 万人次、22.56 万人次和 7.32 万人次。向社会开放单位最多的 4 个区是：海淀区、朝阳区、西城区和延庆区。其中，海淀区向社会开放的单位达到 375 个，占北京地区开放单位总数的 47.05%（见图 5 – 23）。

从部门来看，2017 年，体育部门开放单位数最多，为 228 个，参加人

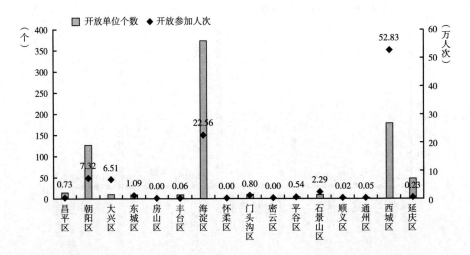

图 5 - 23 2017 年各区县辖区内大学、科研机构开放单位数量与参观人数

次 58.64 万人次；文化和旅游部门开放单位数排第二，为 174 个，参加人次 5.74 万人次（见图 5 - 24）。

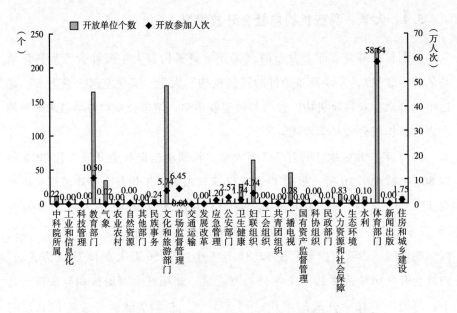

图 5 - 24 2017 年北京地区各部门开放单位数量及参加人次

5.5 科普国际交流

科普国际交流是指国内科普机构和个人与国外开展的有关科普访问、接待、展览、培训、研讨等形式的交流活动。

2017 年，北京地区共举办科普国际交流 415 次，比 2016 年的 1371 次减少 956 次，参加人次为 22.41 万人次，比 2016 年增长了 19.91 万人次。从地区来看，举办科普国际交流活动最活跃的是城市功能拓展区和首都功能核心区，2017 年共举办 364 次，约 22.01 万人次参加；生态涵养发展区仅举办国际交流活动 9 次，吸引约 0.02 万人次参加，参与人次和举办次数均是 4 个区中最少的（见图 5 – 25）。

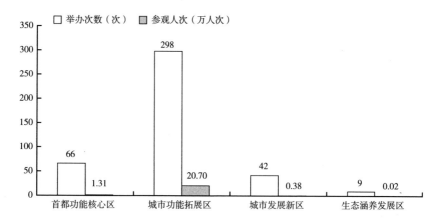

图 5 – 25　2017 年北京四个功能区科普国际交流活动举办次数与参加人次

5.6 实用技术培训

2017 年，北京地区举办实用技术培训 1.49 万次，比 2016 年的 1.54 万次减少了 0.05 万次；有 143.21 万人次参加，比 2016 年的 93.24 万人次增加了 53.59%。实用技术培训主要集中在农业农村部门、卫生健康部门和文化和旅游部门，这三个部门的举办次数占北京地区总数约 55.75%，参加人次占北京地区总数约 59.65%（见图 5 – 26）。

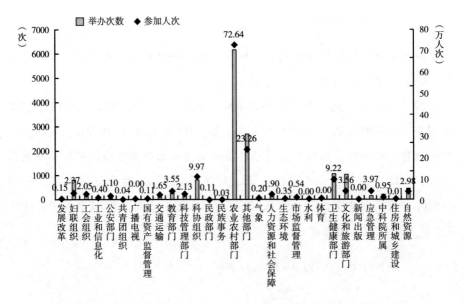

图 5－26　2017 年北京地区各部门实用技术培训举办次数与参加人次

6 创新创业中的科普

众创空间作为大众创业、万众创新的重要阵地和创新创业者的聚集地，在全国各地得到快速发展，并且不断迭代演进。在大众创业、万众创新的时代，众创空间成为科普活动的重要场地。政府应鼓励和引导众创空间等创新创业服务平台面向创业者和社会公众开展科普活动，支持创客参与科普产品的设计、研发和推广。2017 年度全国科普统计首次对众创空间及"双创"中开展的培训、宣传等相关科普活动进行了统计。

6.1 众创空间

2017 年，北京地区孵化科技类项目数量 75693 个。各区差异较大，丰台区和海淀区的众创空间孵化科技类项目数量比较大，分别是 637 个和 74929 个。海淀区孵化科技类项目数量占北京地区的绝大部分，达到 98.99%，怀柔区、门头沟区、平谷区和延庆区的众创空间孵化科技类项目数量为 0（见图 6－1）。

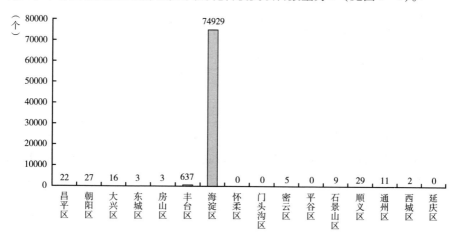

图 6－1　2017 年北京地区各区众创空间孵化科技项目数量

6.2 双创中的科普类活动

政府鼓励各类企业建立服务大众创业的开放创新平台，支持社会力量举办创业沙龙、创业大讲堂、创业训练营等创业培训活动。2017 年，北京地区创新创业过程中组织培训活动约 1822 次，参加活动人数约 245896 人次。其中有两个区的培训次数超过 300 次，分别是海淀（462 次）、丰台（443 次），占全部双创中组织培训活动次数约 49.67%（见图 6 – 2）。

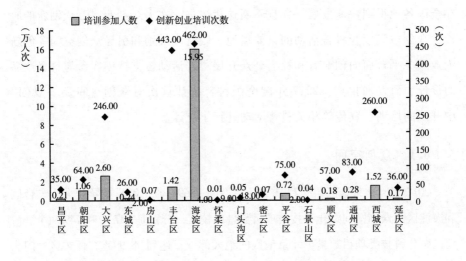

图 6 – 2　2017 年双创互动中科普培训次数和参加人次

北京地区通过积极开展科技类项目投资路演、宣传推介等活动，举办各类创新创业赛事，为创新创业者提供展示平台。这类科普活动可以积极宣传倡导敢为人先、百折不挠的创新创业精神，大力弘扬创新创业文化。科技类项目投资路演和宣传是众创空间孵化科技类项目的重要途径，同时也是双创中科普活动的主要形式之一。活动参加人次居多的 6 个区分别是西城（10.14 万人次）、海淀（2.70 万人次）、丰台（1.41 万人次）、昌平（0.13 万人次）、朝阳（0.25 万人次）和东城（0.20 万人次）（见图 6 – 3）。

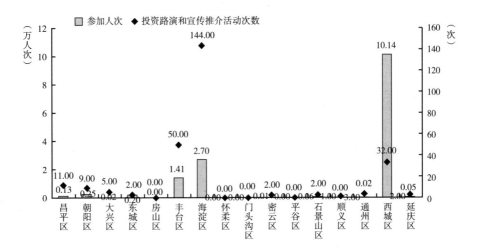

图 6－3　2017 年科技类项目投资路演和宣传推介活动次数及活动参加人数（约数）

附录1　2017年度北京地区全国科普统计调查工作方案

一、组织实施

1. 区统计工作由各区科委或科协牵头，组织本辖区各单位的填报培训、报表发放、填写、回收及审核工作，并负责辖区单位科普工作统计数据的报送。

2. 各涉及科普工作的市级单位的统计工作由各有关委办局、人民团体牵头，组织本部门直属单位及行业单位的报表发放、填写、回收、审核，并负责各直属单位及行业单位科普工作统计报表的报送。

3. 市科委（具体由北京市科技传播中心承担）负责全市科普工作统计的组织、报表发放、回收、审核、汇总。

二、统计范围

以下所列单位均要独立填表和报送（以下所列市区（县）直属单位不是全部，各单位需本着全面了解本部门、本地区科普资源的角度，尽可能把统计工作覆盖全面）。

1. 市级单位

市科委及直属单位；

市科协及直属单位；

市教委及直属单位（直属大学及校属博物馆、市青少年科技馆、教学植物园）；

市发展改革委及直属单位；

市经信委及直属单位；

市民委及直属单位；

市公安局及直属单位（含警察博物馆、禁毒基地，北京市民防灾教育馆等单独填）；

市人力资源和社会保障局及直属单位（职业教育培训中心）；

市国土资源局及直属单位（含地质研究所）；

市环境保护局及直属单位（环保宣教中心、市环境监测中心）；

市市政市容委及直属单位；

市农委及农业局、农口直属单位（含北京水生野生动物保护中心）；

市商务委及直属单位（含大型商场、大型超市）；

市旅游委及直属单位；

市文化局及直属单位（首都图书馆）；

市卫生计生委及直属市级医院、市疾病控制中心、科研所、《健康》杂志社、市计生展馆；

市安全生产监督局及直属单位；

市新闻出版广电局及直属单位（北京人民广播电台、北京电视台、市属出版社、音像出版社等单独填报）；

市文物局及直属博物馆（各馆均单独填报）；

市体育局及直属单位；

市园林绿化局及直属单位；

市知识产权局及直属单位；

市民政局及直属单位；

市质检局及直属单位；

市食品药品监督管理局及直属单位；

市粮食局及直属单位；

中关村管委会及直属单位；

市公园管理中心及直属单位（动、植物园科普馆作为科技馆单独填报、植物园温室作为非场馆类科普基地科普展厅面积由植物园填报、园林所单独填报）；

市气象局及直属单位（气象台站、气象学会、减灾协会等）；

市地震局及直属单位；

市总工会及直属单位（市技协单独填报）；

共青团北京市委及直属单位（北京学生联合会、北京志愿者协会、北京青少年科技文化交流中心、北京青年报等）；

市妇联及直属单位；

市社会科学界联合会及直属单位；

市红十字会及直属单位；

市科学技术研究院及直属单位（天文馆、古观象台、自然博物馆、麋鹿苑、科技出版社、《天文爱好者》杂志社、《大自然》杂志社、直属院所等）；

2. 区级单位

区科委及直属单位；

区科协及直属单位；

区教委及直属单位（中学一校一份，区青少年科技馆、站，少年之家等）；

区发改委及直属单位；

区农委及农业局、林业局、农口直属单位（国家级与市级自然保护区、森林公园、观光农业园等）；

区文化委（局）及直属单位（区图书馆、区博物馆）；

区人力资源和社会保障局及直属单位；

区卫生局及直属区医院、区疾病控制中心；

区国土资源局及直属单位（区域内国家地质公园、矿山公园）；

区环境保护局及直属单位（环保宣教中心）；

区气象局及直属单位；

区地震局及直属单位；

区总工会及直属单位；

共青团区委及直属单位；

区妇联及直属单位；

区广电局及直属单位（区电视台单独填报）；

区计生委及直属单位；

区园林局及直属单位（直属公园）；

区林业局及直属单位；

区旅游委（局）及直属单位；

区安全生产监督局及直属单位；

区食品药品监督管理局；

区红十字会及直属单位；

区质检局及直属单位；

乡、镇人民政府及街道办事处；

辖区内北京市科普基地；

辖区内科技旅游开放点。

三、相关要求

（一）全国科普统计调查工作是实施《中华人民共和国科学技术普及法》《"十三五"国家科技创新规划》的具体措施。北京市科普统计调查是国家科普统计调查工作的重要组成部分，应高度重视，认真落实，指派专人，负责协调，按时、按质完成统计工作。

（二）请在中国科技情报网（www. chinainfo. org. cn）"通知公告"栏下载《科技部关于开展 2017 年度全国科普统计调查工作的通知》，以及《2017 年度全国科普统计调查方案》《2017 年度科普统计调查表》《培训教材》、统计软件等相关附件，认真执行。

（三）本次统计调查结果上报采用整合汇总后上报的方式进行，请基层单位勿跨过统计上一级归口部门直接上报。请通过"全国科普统计数据库管理系统"软件进行数据录入或统计结果数据整合，数据统计后报上一级归口单位，并将统计结果数据导出生成《2017 年度科普统计调查表》，打印 2 份盖单位公章，1 套寄上一级归口单位、1 套留存。

附录2 2017年度全国科普统计调查方案

一、科普统计的内容和任务

科普统计是国家科技统计的重要组成部分。通过开展全国科普统计调查，可以使政府管理部门及时掌握国家科普资源概况，更好地监测国家科普工作质量，为政府制定科普政策提供依据。因此，全国科普统计的内容包括两个方面：

1. 调查国家科普资源投入状况，具体包括科普人员、科普场地、科普经费、科普传媒、科普活动以及创新创业中的科普等。

2. 监测国家科普工作运行状况，了解国家科普活动开展的总体情况。

二、科普统计的范围

本次统计的范围包括中央、国务院各有关部门及其直属单位，省（自治区、直辖市，以下简称省）、市（地区、州、盟，以下简称市）、县（县、区、旗，以下简称县）人民政府有关部门及其直属单位、社会团体等机构和组织。

统计填报单位主要包括：

1. 中央、国务院各有关部门和单位：国家发展改革委、教育部、科技部、工业和信息化部（含国防科工局）、国家民委、公安部、民政部、人力资源和社会保障部、国土资源部、环境保护部、农业部、文化部、卫生计生委、国资委、质检总局、新闻出版广电总局、体育总局、安全监管总局、食品药品监管总局、林业局、旅游局、地震局、气象局、粮食局、中国科学院、中国社科院、共青团中央、全国总工会、全国妇联、中国科协等。

2. 省级单位：省发展改革委、省教育厅、省科技厅、省工业和信息化部门、省民委、省公安厅、省民政厅、省人力资源和社会保障厅、省国土资源厅、省环境保护厅、省农业厅、省文化厅、省卫生计生委、省国资委、省质检部门、省新闻出版广电部门、省体育局、省安全监管部门、省食品药品监管部门、省林业厅、省旅游部门、省地震部门、省气象部门、省粮食部门、省科学院、省社科院、省共青团、省工会、省妇联、省科协组织等。

3. 市级单位：市发展改革委、市教育局、市科技局、市工业和信息化局、市民委、市公安局、市民政局、市人力资源和社会保障局、市国土资源局、市环境保护局、市农业局、市文化局、市卫生计生委、市国资部门、市质检部门、市新闻出版广电部门、市体育部门、市安全监管部门、市食品药品监管部门、市林业局、市旅游部门、市地震部门、市气象部门、市粮食部门、市共青团、市工会、市妇联、市科协组织等。

4. 县级单位：县发展改革委、县教育局、县科技局、县工业和信息化局、县民委、县公安局、县民政局、县人力资源和社会保障局、县国土资源局、县环境保护局、县农业局、县文化局、县卫生计生委、县国资部门、县质检部门、县新闻出版广电部门、县体育部门、县安全监管部门、县食品药品监管部门、县林业局、县旅游部门、县地震部门、县气象部门、县粮食部门、县共青团、县工会、县妇联、县科协组织等。

三、科普统计的组织

科普统计由科技部牵头，会同有关部门共同组织实施。科技部负责制定统计方案，提出工作要求，指导和协调中央、国务院有关部门和省科技行政管理部门的统计工作。中国科学技术信息研究所负责具体统计实施工作。

各省、市、县科技行政管理部门牵头组织本行政区域内各单位的科普统计。

四、科普统计的操作步骤

全国科普统计按中央、国务院部门及省、市、县分级实施，采取条块结合的方式。

1. 科技部负责全国科普统计。包括：向中央、国务院各有关部门科技主管单位以及省科技行政管理部门布置科普统计任务，开展统计人员培训，发放并回收调查表，审核数据，汇总全国科普统计数据，形成国家科普统计年度报告。

2. 中央、国务院各有关部门负责自身及其直属机构的科普统计。包括：向直属机构布置科普统计任务，对统计人员进行培训，发放并回收调查表，审核数据；将本部门所有调查表报科技部。

3. 各省科技厅负责本省科普统计。包括：向本省同级有关部门、所属各市科技局布置科普统计任务，对统计人员进行培训，发放并回收调查表，审核数据；把本省所有调查表录入全国科普统计数据库，建立本省科普统计数据库；将本省所有调查表报科技部。

4. 市科技局负责本市科普统计。包括：向本市同级有关部门、所属县科技局布置科普统计任务，对统计人员进行培训，发放并回收调查表，审核数据；将本市所有调查表报省科技厅。

5. 县科技局负责本县科普统计。包括：向本县同级有关部门布置科普统计任务，对统计人员进行培训，发放并回收调查表，审核数据；将本县所有调查表报市科技局。

五、调查表下载

科普统计调查表可以在中国科技情报网主页（http：//www. chinainfo. org. cn）的通知公告栏目下载，也可以在科技部网站（http：//www. most. gov. cn/kxjspj/index. htm）中的科普统计栏目下载。

科普统计管理软件系统及培训教材由中国科学技术信息研究所提供，可在中国科技情报网下载，地址同上。

六、报送时间

请各省科技行政管理部门务必于 2017 年 6 月 15 日前将本地的所有《2017 年度科普统计调查表》以及电子化的科普统计数据上报科技部。

请中央、国务院各有关部门科技主管单位务必于 2017 年 6 月 15 日前将纸质版《2017 年度科普统计调查表》报送科技部（无须报送电子化数据）。

七、数据的修正和反馈

科技部在汇总各省、各有关部门科普统计数据后，将组织专家对填报数据进行联合会审，就上报数据质量进行评估。对数据质量存在问题的，将要求核实和修正。

调查数据的质量是统计工作的灵魂。没有严格的数据质量控制，难以保障数据填报的真实。因此，各级科技行政管理部门和填报单位要有高度的责任心，对填报的数据进行层层把关。为明确责任，严控数据质量，对有关部门责任划分如下：

1. 科技部对中央、国务院各有关部门科技主管单位，各省科技行政部门上报的数据进行审核，对有疑义或明显错误的数据，将要求其进行核实和修正；中央、国务院各有关部门科技主管单位对本部门及直属单位填报的数据负责，配合科技部做好数据质量控制工作。

2. 省科技厅对本省同级部门和所属各市填报的数据进行审核，对有疑义或明显错误的数据，应要求其进行核实和修正；其他省级相关部门对本部门报送省科技厅的数据负责，协助省科技厅做好数据质量控制工作。

3. 市科技局对本市同级部门和所属各县的数据进行审核，对有疑义或明显错误的数据，应要求其进行核实和修正；其他市级相关部门对本部门报送市科技局的数据负责，协助市科技局做好数据质量控制工作。

4. 县科技局对本县同级部门的数据进行审核，对有疑义或明显错误的数据，应要求其进行核实和修正；其他县级相关部门对本部门填报的数据负责，协助县科技局做好数据质量控制工作。

八、注意事项

对于"科普场馆"部分的填报要求。凡在"科普场地"报表中填写"科普场馆"数据的单位，均需把每个"科普场馆"单独填报一份报表，同时将本单位的其他相关数据填报在另一份报表，与"科普场馆"的报表同时上报，不需汇总。以农业局为例，原来只需填报一份包括该农业局及其直属事业单位的报表。如果现在该农业局下属有一科技馆，则应上报两份报表，一份为下属科技馆的统计数据，一份为该农业局去除下属科技馆的统计数据。两份报表的统计数据不应存在重合。如果下属有多个科普场馆，则每个科普场馆都需要单独填写一份报表。

附件

制表机关：科学技术部

批准机关：国家统计局

批准文号：国统制〔2017〕4 号

有效期截止时间：2019 年 1 月

2017 年度科普统计调查表

单位全称（盖章）：＿＿＿＿＿＿＿＿＿＿＿＿＿＿＿＿＿

机构主管部门类别代码（见填报说明七）：□□

单位级别：中央级 □ 省级 □ 市级 □ 区县级 □（在相应的□内打√）

单位所在地：＿＿＿＿＿省（直辖市、自治区）＿＿＿＿＿市（自治州、

盟）＿＿＿＿＿县（区、旗）

单位负责人（签章）：＿＿＿＿＿填表人（签章）：＿＿＿＿＿邮政编码：

□□□□□□

联系电话：＿＿＿＿＿传真：＿＿＿＿＿电子信箱：＿＿＿＿＿

填表时间：＿＿年＿＿月＿＿日

中华人民共和国科学技术部

二〇一七年一月

填 报 说 明

（一）调查目的：调查国家科普资源基本状况，了解国家科普工作运行

质量。

（二）统计对象和范围：国家机关、社会团体和企事业单位等机构和组

织。

（三）主要指标：科普人员、科普场地、科普经费、科普传媒、科普活

动、创新创业中的科普。

（四）报告期：2017 年 1 月 1 日—2017 年 12 月 31 日（对于科普场地和

科普网站,填写截至 2017 年 12 月 31 日 24 时已经建成开放的科普场地和科普网站)。

(五)本调查为全面调查,填报单位需严格按照报表所规定的指标含义、指标解释进行填报。

(六)凡在表"KP-002 科普场地"的第一部分"科普场馆"填报数据的单位,均需把每个"科普场馆"单独填报一份报表,并将本单位其他相关数据填报为另一份报表,与"科普场馆"的报表同时上报,不需汇总。

(七)机构主管部门类别代码

发展改革部门(25)、教育部门(03)、科技管理部门(01)、工业和信息化部门(含国防科工系统)(19)、民族事务部门(21)、公安部门(20)、民政部门(26)、人力资源和社会保障部门(27)、国土资源部门(04)、环保部门(09)、农业部门(05)、文化部门(06)、卫生和计生部门(07)(08 已合并到 07)、国有资产监督管理部门(32)、质检部门(24)、新闻出版广电部门(10)、体育部门(28)、安监部门(22)、食品药品监管部门(29)、林业部门(11)、旅游部门(12)、地震部门(14)、气象部门(15)、粮食部门(23)、中科院所属部门(13)、社科院所属部门(31)、共青团组织(16)、工会组织(18)、妇联组织(17)、科协组织(02)、其他部门(30)。

根据《中华人民共和国统计法》的有关规定制定本报表

《中华人民共和国统计法》第三条规定：国家机关、社会团体、企业事业组织和个体工商户等统计调查对象，必须依照本法和国家规定，如实提供统计资料，不得虚报、瞒报、拒报、迟报，不得伪造、篡改。

基层群众性自治组织和公民有义务如实提供国家统计调查所需要的情况。

《中华人民共和国统计法》第十五条规定：统计机构、统计人员对在统计调查中知悉的统计调查对象的商业秘密，负有保密义务。

报 表 目 录

序号	表名	指标个数
表 1	科普人员	14
表 2	科普场地	31
表 3	科普经费	17
表 4	科普传媒	13
表 5	科普活动	19
表 6	创新创业中的科普	15

制表机关：科学技术部

批准机关：国家统计局

批准文号：国统制〔2017〕4 号

有效期截止时间：2019 年 1 月

表 1　科普人员

指标名称	编码	数量	指标名称	编码	数量
一、科普专职人员	KR100	人	二、科普兼职人员	KR200	人
其中:中级职称及以上或本科及以上学历人员	KR110	人	其中:中级职称及以上或本科及以上学历人员	KR210	人
女性	KR120	人	女性	KR220	人
农村科普人员	KR130	人	农村科普人员	KR230	人
管理人员	KR140	人	科普讲解人员	KR240	人
科普创作人员	KR150	人	年度实际投入工作量	KR250	人月
科普讲解人员	KR160	人	三、注册科普志愿者	KR300	人

科普专职人员（KR100）：指在统计年度中，从事科普工作时间占其全部工作时间 60% 及以上的人员。包括各级国家机关和社会团体的科普管理工作者，科研院所和大中专院校中从事专业科普研究和创作的人员，专职科普作家，中小学专职科技辅导员，各类科普场馆（见表 2 中第一、二项）的相关工作人员，科普类图书、期刊、报刊科技（普）专栏版的编辑，电台、电视台科普频道、栏目的编导，科普网站信息加工人员等。以上人员数由其所在单位填写。

农村科普人员（KR130）：指在统计年度中，面向农村进行科学技术普及工作时间占本人全部工作时间 60% 及以上的人员。包括农业管理部门的专职科普人员，农技咨询协会工作人员，农函大教员等。

管理人员（KR140）：指各级国家机关中从事科普行政管理工作的人员。

科普创作人员（KR150）：指专职从事科普作品创作的人员。包括科普文学作品创作人员、科普影视作品创作人员、科普展品创作人员及科普理论研究人员等，这些人以科普作品的创作为其主要工作内容。

科普讲解人员（KR160、KR240）：指科普场馆、事业单位、企业中专门负责科普知识讲解工作的人员，包括专职科普讲解人员和兼职科普讲解人员。

科普兼职人员（KR200）：指在非职业范围内从事科普工作，仅在某些科普活动中从事宣传、辅导、演讲等工作的人员以及工作时间不能满足科普专职人员要求的从事科普工作的人员。包括进行科普讲座等科普活动的科技人员、中小学兼职科技辅导员、参与科普活动的志愿者、科技馆（站）的志愿者等。

年度实际投入工作量（KR240）：按月累加计算。例如，科普兼职人员有 3 人，其投入科普工作的时间分别为 2 个月、3 个月和 1 个月，则投入工作量合计为 2 + 3 + 1 = 6（人月）。

注册科普志愿者（KR300）：指按照一定程序在共青团、科协等组织或科普志愿者注册机构注册登记，自愿参加科普服务活动的志愿者。

北京科普统计（2018 年版）

制表机关：科学技术部

批准机关：国家统计局

批准文号：国统制〔2017〕4 号

有效期截止时间：2019 年 1 月

表 2 科普场地

指标名称	编码	数量	指标名称	编码	数量
一、科普场馆			二、非场馆类科普基地		
1. 科技馆	KC110	个	1. 个数	KC210	个
建筑面积	KC111	平方米	2. 科普展厅面积	KC220	平方米
展厅面积	KC112	平方米	3. 当年参观人次	KC230	人次
参观人次	KC113	人次	三、公共场所科普宣传设施		
常设展品	KC114	件	1. 城市社区科普（技）专用活动室	KC310	个
年累计免费开放天数	KC115	天	2. 农村科普（技）活动场地	KC320	个
2. 科学技术博物馆	KC120	个	3. 科普宣传专用车	KC330	辆
建筑面积	KC121	平方米	4. 科普画廊	KC340	个
展厅面积	KC122	平方米	四、科普基地		
参观人次	KC123	人次	1. 国家级科普基地	KC410	个
常设展品	KC124	件	其中:享受过税收优惠的基地	KC411	个
年累计免费开放天数	KC125	天	参观人次	KC412	人次
3. 青少年科技馆站	KC130	个	2. 省级科普基地	KC420	个
建筑面积	KC131	平方米	其中:享受过税收优惠的基地	KC421	个
展厅面积	KC132	平方米	参观人次	KC422	人次
参观人次	KC133	人次			
常设展品	KC134	件			
年累计免费开放天数	KC135	天			

　　科普场馆：包括科技馆（以科技馆、科学中心、科学宫等命名的以展示教育为主，传播、普及科学的科普场馆）；科学技术博物馆（包括科技类博物馆、天文馆、水族馆、标本馆以及设有自然科学部的综合博物馆等）；青少年科技馆站、中心等。以上只填报建筑面积在 500 平方米以上的馆（站）。

　　非场馆类科普基地：包括动物园、植物园、青少年夏（冬）令营基地、国家地质公园以及科技类农场等。

　　城市社区科普（技）专用活动室（KC310）：指在城市社区建立的，专门用于开展社区科普（技）活动的场所。

　　农村科普（技）活动场地（KC320）：指各类专门开展科普（技）活动的农村科技大院、农村科技活动中心（站）和农村科技活动室等。

　　科普宣传专用车（KC330）：包括科普大篷车以及其他专门用于科普活动的车辆。

　　科普画廊（KC340）：指本单位建立的，固定用于向社会公众宣传科普知识的，长 10 米以上的橱窗。

　　国家级科普基地（KC410）：指由国家科技行政管理部门命名的国家科普基地；或国务院有关行政管理部门会同国家科技行政管理部门命名的国家特色科普基地，如果某单位同时获得了两块牌子，只计 1 次。

　　省级科普基地（KC420）：指由省级科技行政管理部门命名的科普基地，省级有关行政管理部门会同省级科技行政管理部门命名的科普基地，如果某单位同时获得了两块牌子，只计 1 次。

　　享受过税收优惠的基地：指遵循《关于鼓励科普事业发展税收政策问题的通知》的精神，按照《科普税收优惠政策实施办法》，经科技行政管理部门认定后，享受了税收优惠政策的科普基地。

制表机关：科学技术部

批准机关：国家统计局

批准文号：国统制［2017］4 号

有效期截止时间：2019 年 1 月

表 3　科普经费

指标名称	编码	金额	指标名称	编码	金额
一、年度科普经费筹集额	KJ100	万元	3. 科普场馆基建支出	KJ230	万元
1. 政府拨款	KJ110	万元	其中:政府拨款支出	KJ231	万元
其中:科普专项经费	KJ111	万元	场馆建设支出	KJ232	万元
2. 捐赠	KJ120	万元	展品、设施支出	KJ233	万元
3. 自筹资金	KJ130	万元	4. 其他支出	KJ240	万元
4. 其他收入	KJ140	万元	三、科技活动周经费专项统计		
二、年度科普经费使用额	KJ200	万元	科技活动周经费筹集额	KJ300	万元
1. 行政支出	KJ210	万元	其中:政府拨款	KJ310	万元
2. 科普活动支出	KJ220	万元	企业赞助	KJ320	万元

年度科普经费筹集额（KJ100）：指本单位内可专门用于科普工作管理、研究以及开展科普活动等科普事业的各项收入之和。

政府拨款（KJ110）：指填表单位从各级政府部门获得的用于本单位科普工作实施的经费，不包括代管经费和划转到其他单位的经费。

科普专项经费（KJ111）：指国家各级政府财政部门拨款或资助的，指定用于某项科普活动的经费。

捐赠（KJ120）：指从国内外各类团体和个人获得的专门用于开展科普活动的经费（捐物不在统计范围内）。

自筹资金（KJ130）：指本单位自行筹集的，专门用于开展科普工作的经费。

经营收入（KJ131）：指本单位通过门票等渠道获得的经营性收入。

其他收入（KJ140）：指本单位科普经费筹集额中除上述经费外的收入。

年度科普经费使用额（KJ200）：指本单位内实际用于科普管理、研究以及开展科普活动的全部实际支出。

科普活动支出（KJ220）：指直接用于组织和开展科普活动的支出。

科普场馆基建支出（KJ230）：指本年度内实际用于科普场馆（指表 2 中第一项：科普场馆）的基本建设资金。包括实际用于科普场馆的土建费（场馆修缮和新场馆建设）以及添加科普展品和设施所产生的费用两部分。

其他支出（KJ240）：指本单位科普经费使用额中除上述支出外，用于科普工作的相关支出。

科技活动周经费筹集额（KJ300）：指本年度科技活动周期间，本单位筹集的准备用于科技活动周的经费总额。

北京科普统计（2018 年版）

制表机关：科学技术部

批准机关：国家统计局

批准文号：国统制〔2017〕4 号

有效期截止时间：2019 年 1 月

表 4　科普传媒

指标名称	编码	数量	指标名称	编码	数量
一、科普图书			2. 光盘发行总量	KM320	张
1. 出版种数	KM110	种	3. 录音、录像带发行总量	KM330	盒
2. 年出版总册数	KM120	册	四、科技类报纸年发行总份数	KM400	份
二、科普期刊			五、电视台播出科普（技）节目时间	KM500	小时
1. 出版种数	KM210	种	六、电台播出科普（技）节目时间	KM600	小时
2. 年出版总册数	KM220	册	七、科普网站个数	KM700	个
三、科普（技）音像制品			八、发放科普读物和资料	KM800	份
1. 出版种数	KM310	种			

　　科普图书：指以非专业人员为阅读对象，以普及科学技术知识、倡导科学方法、传播科学思想、弘扬科学精神为目的，在新闻出版机构登记、有正式刊号的科技类图书。

　　出版种数（KM110）：图书的"种数"以年度为界线。一种图书在同一年度内无论印制多少次，只在第一次印制时计算种数。

　　年出版总册数（KM120）：指本年内每种图书印刷册数之和。

　　科普期刊：指面向社会发行并在新闻出版机构登记、有正式刊号或有内部准印证的科普性刊物。

　　年出版总册数（KM220）：指本年内每种期刊年度印刷册数之和。

　　科普（技）音像制品：指以普及科学技术知识、倡导科学方法、传播科学思想、弘扬科学精神为目的，正式出版的音像制品。

　　科技类报纸年发行总份数（KM400）：指报纸的每期发行份数×年发行期数所得数量。

　　科普（技）节目：指电台、电视台播出的面向社会大众的以普及科技知识、倡导科学方法、传播科学思想、弘扬科学精神为主要目的的节目。

　　科普网站个数（KM700）：指统计由政府财政投资建设的专业科普网站数量。政府机关电子政务网站不在统计范围。

　　科普读物和资料：指在科普活动中发放的科普性图书、手册、音像制品等正式和非正式出版物、资料。

制表机关：科学技术部

批准机关：国家统计局

批准文号：国统制〔2017〕4 号

有效期截止时间：2019 年 1 月

表 5　科普活动

指标名称	编码	数量	指标名称	编码	数量
一、科普（技）讲座			个数	KH511	个
举办次数	KH110	次	参加人次	KH512	人次
参加人次	KH120	人次	2. 科技夏（冬）令营		
二、科普（技）展览			举办次数	KH521	次
专题展览次数	KH210	次	参加人次	KH522	人次
参观人次	KH220	人次	六、科技活动周		
三、科普（技）竞赛			科普专题活动次数	KH610	次
举办次数	KH310	次	参加人次	KH620	人次
参加人次	KH320	人次	七、大学、科研机构向社会开放		
四、科普国际交流			开放单位个数	KH710	个
举办次数	KH410	次	参观人次	KH720	人次
参加人次	KH420	人次	八、举办实用技术培训	KH810	次
五、青少年科普			参加人次	KH820	人次
1. 成立青少年科技兴趣小组			九、重大科普活动次数	KH900	次

　　科普（技）讲座：指各种面向社会的以普及科学技术知识、倡导科学方法、传播科学思想、弘扬科学精神为主要内容的科技讲座。由讲座的第一组织单位填写。如由几个单位联合举办，组织单位名单中排名第一的为第一组织者，其他几个组织单位不再统计本次活动，下同。

　　科普（技）专题展览：指围绕某个主题所进行的具有科普性质的展教活动，包括常设展览、临时展览和巡回展览；参观人次只统计参观专题展览的人次，而不是场馆的年度总参观人次。

　　科普（技）竞赛：指国家机关、社会团体及其他组织作为第一组织者开展的科技知识普及性竞赛。由竞赛的第一组织单位填写。

　　科普国际交流：指填表单位与其他国家及境外地区进行的有关科普接待和外派参加会议、访问、展览、培训等交流活动。

　　科普专题活动次数（KH610）：指在科技活动周期间举办的科普专题活动次数。

　　大学、科研机构开放：指填表单位所属的大学、科研机构向社会开放，面向公众举办科普活动。参观人次为所有下属单位组织的开放活动参观的总人次。例如：共有三个开放单位，参观人次分别为 500、300、700，则总的参观人次为 1500 人次。

　　重大科普活动：指参加活动的人次在 1000 人次以上的科普活动。该项由活动的第一组织单位填写。

北京科普统计（2018 年版）

制表机关：科学技术部

批准机关：国家统计局

批准文号：国统制〔2017〕4 号

有效期截止时间：2019 年 1 月

表 6　创新创业中的科普

指标名称	编码	数量	指标名称	编码	数量
一、众创空间			1. 创新创业培训次数	KY210	次
1. 数量	KY110	个	2. 创新创业培训参加人数	KY211	人次
2. 办公场所建筑面积	KY120	平方米	3. 科技类项目投资路演和宣传推介活动次数	KY220	次
3. 工作人员数量	KY130	人	4. 科技类项目投资路演和宣传推介活动参加人数	KY221	人次
4. 创业导师数量	KY140	人	5. 举办科技类创新创业赛事次数	KY230	次
5. 服务创业人员数量	KY150	人	6. 科技类创新创业赛事参加人数	KY231	人次
6. 政府扶持经费金额	KY160	万元	三、科普产业		
7. 孵化科技类项目数量	KY170	个	1. 科普企业数量	KY310	个
二、科普类活动			2. 销售额	KY320	万元

众创空间：指顺应新科技革命和产业变革新趋势、有效满足网络时代大众创新创业需求的新型创业服务平台。

办公场所建筑面积（KY120）：指众创空间办公场地的实际建筑面积。

工作人员数量（KY130）：指在众创空间提供专业服务的人员数量。

创业导师数量（KY140）：指众创空间的专兼职导师人员数量。

服务创业人员数量（KY150）：指在众创空间获得各类服务的创业者数量。

政府扶持经费金额（KY160）：指众创空间在房租、宽带接入、公共软硬件、教育培训、导师服务、创业活动等方面所获得的政府财政补贴、扶持经费金额。

孵化科技类项目数量（KY170）：指通过众创空间孵化出的科技类项目数量。

创新创业培训：指各类单位举办的创业训练营、创业培训和创业公益讲堂等创新、创业培训活动。

科普企业数量（KY10）：以生产科普产品或提供科普服务的企业或组织。

附录 3 2017 年全国科普统计北京地区分类数据统计表

各项统计数据包括中央在京单位、市属单位和区县单位的数据。

4 个功能区的划分：首都功能核心区包括：东城区、西城区 2 个区；城市功能拓展区包括：朝阳区、丰台区、石景山区、海淀区 4 个区；城市发展新区包括：房山区、通州区、顺义区、昌平区、大兴区 5 个区；生态涵养发展区包括：门头沟区、平谷区、怀柔区、密云区、延庆区 5 个区。

2017 年各区科普人员（一）

单位：人

地区	科普专职人员	中级职称及以上或本科及以上学历人员	女性	农村科普人员	管理人员	科普创作人员
北　京	8077	6103	4377	817	1924	1269
中央在京	2911	2351	1564	15	756	501
市　属	1208	983	749	10	285	329
区　属	3958	2769	2064	792	883	439
东 城 区	1322	955	784	3	378	187
西 城 区	975	804	570	3	220	151
朝 阳 区	1811	1526	989	18	423	346
丰 台 区	316	233	168	4	86	60
石景山区	127	101	63	0	44	13
海 淀 区	1049	911	577	9	244	254
门头沟区	240	132	146	22	63	30
房 山 区	240	165	129	78	56	16
通 州 区	367	281	185	70	59	61
顺 义 区	211	145	95	18	63	75
昌 平 区	155	105	96	36	22	17
大 兴 区	80	36	42	29	28	4
怀 柔 区	664	387	241	439	92	15
平 谷 区	204	90	96	46	70	16
密 云 区	121	75	72	26	27	8
延 庆 区	195	157	124	16	49	16

附录 3　2017 年全国科普统计北京地区分类数据统计表

2017 年各区科普人员（二）

单位：人

地区	科普兼职人员	中级职称及以上或本科及以上学历人员	女性	农村科普人员	年度实际投入工作量（人月）	注册科普志愿者
北　　京	42958	27564	24228	6233	48756	9221
中央在京	11281	8619	5720	38	7309	2295
市　　属	7656	6133	4156	1103	7960	2131
区　　属	24021	12812	14352	5092	33487	4795
东 城 区	2956	2247	2031	1	1976	816
西 城 区	4745	3854	2771	59	6696	922
朝 阳 区	11007	8313	5741	1284	2568	454
丰 台 区	1230	672	795	142	4624	854
石景山区	1042	819	603	0	6340	138
海 淀 区	4770	3734	2641	51	3044	511
门头沟区	2547	648	1692	1137	5697	1425
房 山 区	1385	814	739	427	563	214
通 州 区	3855	2201	1913	506	937	97
顺 义 区	1971	906	1124	273	2324	355
昌 平 区	2031	667	1363	962	905	37
大 兴 区	407	205	230	139	1595	394
怀 柔 区	384	156	181	201	2211	585
平 谷 区	1484	733	1008	207	1634	576
密 云 区	1949	868	789	607	5604	1598
延 庆 区	1195	727	607	237	2038	245

2017 年各区科普场地（一）

地　区	科技馆/个	建筑面积 /平方米	展厅面积 /平方米	当年参观人数 /人次
北　京	29	248542	119358	4698814
中央在京	4	105720	64310	4162116
市　属	2	46263	21000	15000
区　属	23	96559	34048	521698
东城区	1	3800	800	800
西城区	3	51263	22800	175000
朝阳区	5	126116	70214	4217313
丰台区	3	5613	1800	10800
石景山区	1	9200	4200	30000
海淀区	4	20848	2530	50301
房山区	1	3000	2400	14000
通州区	1	3169	243	460
顺义区	4	2100	970	56000
昌平区	1	1700	1000	12696
大兴区	1	2763	2000	15000
门头沟区	1	3800	700	3000
怀柔区	1	6000	4800	50000
平谷区	0	0	0	0
密云区	1	7080	3581	51444
延庆区	1	2090	1320	12000

2017 年各区科普场地（二）

地　区	科学技术博物馆/个	建筑面积/平方米	展厅面积/平方米	当年参观人数/人次	青少年科技馆（站）/个
北　京	82	1039394	406354	24385834	12
中央在京	19	322884	128384	10120588	0
市　属	29	399641	162286	8557987	1
区　属	34	316869	115684	5707259	11
东 城 区	9	324546	110969	11936470	2
西 城 区	16	198306	74228	6699386	2
朝 阳 区	12	165104	83548	1449656	1
丰 台 区	4	105689	27657	1257035	3
石景山区	2	7650	5300	39725	0
海 淀 区	16	122220	56441	1094128	1
房 山 区	3	14720	7396	222553	0
通 州 区	1	8402	3600	30000	0
顺 义 区	1	2200	1500	3000	0
昌 平 区	3	9097	4035	37000	0
大 兴 区	1	12338	2400	420000	0
门头沟区	0	0	0	0	0
怀 柔 区	0	0	0	0	1
平 谷 区	0	0	0	0	2
密 云 区	6	33151	6440	270000	0
延 庆 区	8	35971	22840	926881	0

2017 年各区科普场地（三）

地　区	城市社区科普（技）专用活动室/个	农村科普（技）活动场地/个	科普宣传专用车/辆	科普画廊/个
北　　京	1582	1870	84	3414
中央在京	26	0	0	98
市　　属	194	79	46	583
区　　属	1362	1791	38	2733
东 城 区	142	0	3	126
西 城 区	313	1	41	657
朝 阳 区	303	152	6	251
丰 台 区	77	24	1	219
石景山区	68	1	0	109
海 淀 区	34	21	1	53
房 山 区	130	174	4	305
通 州 区	98	95	11	361
顺 义 区	135	288	1	196
昌 平 区	30	139	1	174
大 兴 区	23	18	5	58
门头沟区	64	70	0	191
怀 柔 区	37	94	2	459
平 谷 区	57	218	2	22
密 云 区	49	246	1	90
延 庆 区	22	329	5	143

2017 年各区科普经费（一）

单位：万元

地区	年度科普经费筹集额	政府拨款	科普专项经费	社会捐赠	自筹资金	其他收入
北　　京	170004.02	119692.77	13834.77	14532.48	30424.20	119692.77
中央在京	124202.59	92136.51	3855.10	9411.00	18799.99	92136.51
市　　属	45801.42	27556.26	9979.67	5121.48	3144.01	27556.26
区　　属	63227.33	24632.01	18048.31	12066.81	8480.21	24632.01
东 城 区	18418.96	10505.28	2893.45	512.40	6910.46	530.82
西 城 区	33958.98	23145.49	7932.95	2739.20	6682.09	1407.20
朝 阳 区	37810.57	16778.37	9303.05	796.39	17090.17	3145.64
丰 台 区	15557.96	13069.21	10362.49	0.00	1833.60	666.15
石景山区	1093.99	718.30	405.93	0.00	338.14	37.55
海 淀 区	122523.86	99259.99	86814.14	2.00	17775.96	5485.92
房 山 区	63.00	63.00	25.00	0.00	0.00	0.00
通 州 区	3116.00	2529.18	909.56	0.00	538.50	48.32
顺 义 区	3695.65	2421.27	1969.72	0.00	1172.29	102.08
昌 平 区	1179.06	807.87	555.90	0.00	340.79	30.40
大 兴 区	2786.05	1514.02	567.93	0.00	1022.03	250.00
门头沟区	2690.81	2512.03	1742.63	0.00	72.20	106.58
怀 柔 区	1523.84	1230.70	117.00	1.00	180.14	112.00
平 谷 区	1276.10	1047.10	90.00	0.00	218.00	11.00
密 云 区	2436.51	2159.25	993.97	0.00	230.50	46.76
延 庆 区	2988.55	2643.45	1618.39	2.00	320.90	22.20

北京科普统计（2018 年版）

2017 年各区科普经费（二）

单位：万元

地区	科技活动周经费筹集额	政府拨款	企业赞助	年度科普经费使用额	行政支出	科普活动支出
北　　京	4093	3112	367	232628	32527	152638
中央在京	973	521	223	116279	21793	84098
市　　属	1322	1261	17	56769	3838	40283
区　　属	1798	1330	127	59580	6896	28257
东 城 区	183	168	0	19702	1208	16112
西 城 区	1589	1411	7	37020	6798	16198
朝 阳 区	749	647	35	83421	16346	57114
丰 台 区	130	84	45	13584	557	3624
石景山区	93	80	1	2089	54	1213
海 淀 区	571	289	213	49538	4341	43020
房 山 区	113	6	15	4765	779	2022
通 州 区	175	128	10	4933	472	2539
顺 义 区	170	91	1	2234	26	1623
昌 平 区	44	36	2	2013	109	1802
大 兴 区	52	32	20	2190	644	1429
门头沟区	15	15	0	1239	297	888
怀 柔 区	55	25	9	2305	145	1701
平 谷 区	92	54	2	1315	64	936
密 云 区	49	41	7	1727	9	1124
延 庆 区	13	5	0	4553	678	1293

154

2017 年各区科普经费（三）

单位：万元

地区	年度科普经费使用额				其他支出
	科普场馆基建支出	政府拨款支出	场馆建设支出	展品、设施支出	
北　　京	21709	10620	7026	8983	25754
中央在京	1194	202	188	876	9194
市　　属	7389	4478	985	2632	5259
区　　属	13126	5940	5853	5475	11301
东 城 区	1924	58	33	1834	458
西 城 区	5715	5441	710	1136	8309
朝 阳 区	5149	2995	2652	1669	4812
丰 台 区	968	268	320	638	8435
石景山区	501	127	20	203	321
海 淀 区	872	293	150	717	1305
房 山 区	1379	71	964	394	585
通 州 区	1489	601	716	160	433
顺 义 区	405	96	97	243	180
昌 平 区	41	7	20	9	61
大 兴 区	113	10	0	113	4
门头沟区	44	33	0	44	10
怀 柔 区	344	120	298	146	115
平 谷 区	189	134	115	69	126
密 云 区	144	41	56	78	450
延 庆 区	2432	325	875	1530	150

2017 年各区科普传媒（一）

地区	科普图书		科普期刊		科普（技）音像制品		
	出版种数/种	年出版总册数/册	出版种数/种	年出版总册数/册	出版种数/种	光盘发行总量/张	录音、录像带发行总量/盒
北　　京	4241	46317098	117	8121976	349	1627431	105508
中央在京	3355	40944469	66	5745106	291	478689	300
市　　属	551	4730467	20	2184500	27	858329	105000
区　　属	335	642162	31	192370	31	290413	208
东 城 区	468	2867589	20	1874466	222	814037	101000
西 城 区	512	4432432	21	2007000	11	56100	0
朝 阳 区	1137	4476458	27	979270	61	391565	0
丰 台 区	69	81000	3	133200	2	0	0
石景山区	3	1200	1	18000	6	5320	0
海 淀 区	1769	33634057	31	2970540	28	71508	4508
房 山 区	11	129000	0	0	5	252800	0
通 州 区	26	34000	2	45600	1	0	0
顺 义 区	65	5600	4	200	2	0	0
昌 平 区	62	492012	5	60500	7	31000	0
大 兴 区	10	50000	0	0	0	0	0
门头沟区	0	0	3	33200	0	0	0
怀 柔 区	4	45600	0	0	0	0	0
平 谷 区	97	41000	0	0	1	1	0
密 云 区	0	0	0	0	0	0	0
延 庆 区	8	27150	0	0	3	5100	0

2017 年各区科普传媒（二）

地区	科技类报纸年发行总份数/份	电视台播出科普（技）节目时间/小时	电台播出科普（技）节目时间/小时	科普网站个数/个	发放科普读物和资料/份
北　　京	27222075	9141	12428	270	46985150
中央在京	16095864	2294	4881	109	23151865
市　　属	10042600	2415	5486	51	11460949
区　　属	1083611	4432	2061	110	12372336
东 城 区	5838494	702	142	19	23740494
西 城 区	10028800	322	299	53	9447009
朝 阳 区	360000	3388	9360	52	2804736
丰 台 区	768807	462	1002	0	813860
石景山区	0	115	6	5	612260
海 淀 区	9735870	1153	239	71	2950630
房 山 区	55024	119	25	13	1024771
通 州 区	25000	84	3	7	978710
顺 义 区	0	159	260	6	645742
昌 平 区	343000	425	66	10	840624
大 兴 区	0	1221	2	3	415593
门头沟区	0	0	1	1	227316
怀 柔 区	1500	41	400	5	131780
平 谷 区	24100	100	361	22	668150
密 云 区	0	50	210	1	856944
延 庆 区	41480	800	52	2	826531

2017 年各区科普活动（一）

地区	科普（技）讲座		科普（技）展览		科普（技）竞赛	
	举办次数/次	参观人次/人次	专题展览次数/次	参观人次/人次	举办次数/次	参观人次/人次
北　京	52839	10532446	4425	51392598	2116	7334919
中央在京	4305	1079960	1134	10032546	188	5350318
市　　属	12645	6215345	529	32286468	192	738172
区　　属	35889	3237141	2762	9073584	1736	1246429
东 城 区	7210	771227	266	10769544	250	5141123
西 城 区	7219	530064	466	22124751	602	2368174
朝 阳 区	8393	5957230	1176	4424988	226	815363
丰 台 区	2581	502258	274	2764197	104	293967
石景山区	1149	191156	144	223941	74	29265
海 淀 区	6236	669594	671	6286055	219	379955
房 山 区	2858	403546	117	757398	27	7513
通 州 区	1407	121950	99	373280	42	4492
顺 义 区	1690	169211	440	958505	163	89757
昌 平 区	3647	318138	101	59407	69	18233
大 兴 区	1405	119075	145	1733318	39	10987
门头沟区	1411	76085	29	5699	7	1183
怀 柔 区	656	47129	113	33805	23	7516
平 谷 区	1201	213148	173	312111	37	8931
密 云 区	4242	313793	107	64450	112	12093
延 庆 区	1534	128842	104	501149	122	29077

2017 年各区科普活动（二）

地区	科普国际交流		成立青少年科技兴趣小组		科技夏(冬)令营	
	举办次数/次	参加人数/人次	兴趣小组数/个	参加人数/人次	举办次数/次	参加人次/人次
北　　京	415	224110	3334	388933	1574	199108
中央在京	199	68925	221	158125	634	60444
市　　属	56	2652	34	11984	157	18576
区　　属	160	152533	3079	218824	783	120088
东 城 区	15	424	211	52196	58	11358
西 城 区	51	12651	654	37014	273	21783
朝 阳 区	114	100618	842	31884	303	22414
丰 台 区	36	51532	256	25248	48	26044
石景山区	1	30	60	1410	43	4786
海 淀 区	147	54867	276	160714	616	54085
房 山 区	4	101	174	5386	11	1500
通 州 区	9	1600	81	2831	27	3450
顺 义 区	5	96	382	18171	50	2481
昌 平 区	13	1460	112	12802	31	3262
大 兴 区	11	516	25	3990	11	13567
门头沟区	3	80	18	310	8	380
怀 柔 区	1	100	46	840	13	560
平 谷 区	0	0	30	1568	44	30808
密 云 区	0	0	87	2600	15	1584
延 庆 区	5	35	80	31969	23	1046

2017 年各区科普活动（三）

地区	科技活动周		大学、科研机构向社会开放		举办实用技术培训		重大科普活动次数/次
	科普专题活动次数/次	参加人次/人次	开放单位个数/个	参观人数/人次	举办次数/次	参加人数/人次	
北　　京	3867	54583106	797	950277	14906	1432111	809
中央在京	301	770998	616	814940	3768	638934	148
市　　属	434	52715761	63	27485	3112	156607	147
区　　属	3132	1096401	118	107852	8026	636570	514
东 城 区	345	562352	9	10850	516	33953	92
西 城 区	836	52382414	179	528344	1573	103126	116
朝 阳 区	548	330977	127	73240	4241	686155	156
丰 台 区	239	123481	9	600	125	10918	28
石景山区	164	87868	9	22931	66	4673	22
海 淀 区	340	669785	375	225604	549	40066	151
房 山 区	84	95371	0	0	1876	87478	45
通 州 区	96	32673	2	501	222	13669	37
顺 义 区	202	67401	1	200	460	56784	48
昌 平 区	139	25336	14	7300	962	67442	14
大 兴 区	109	68831	10	65052	456	36193	8
门头沟区	312	17980	10	7950	60	2965	24
怀 柔 区	81	27278	4	5400	1410	126112	20
平 谷 区	112	32361	0	0	289	22845	22
密 云 区	109	38215	0	0	1022	76486	10
延 庆 区	151	20837	48	2305	1079	63246	16

2017年各区创新创业中的科普 (一)

地区	数量/个	办公场所建筑面积/平方米	工作人员数量/人	创业导师数量/人	服务创业人员数量/人
北　　京	411	5796473	10984	11939	617501
中央在京	18	16033	86	738	1709
市　　属	292	5650116	10095	10449	611451
区　　属	101	130324	803	752	4341
东 城 区	1	9000	15	5	15
西 城 区	17	3871	50	86	105
朝 阳 区	4	3195	37	225	391
丰 台 区	25	57809	329	491	1440
石景山区	1	390	2	12	60
海 淀 区	312	5651733	10168	10900	612698
房 山 区	21	800	24	0	24
通 州 区	1	20	2	2	6
顺 义 区	7	3675	77	20	114
昌 平 区	7	34390	99	32	1370
大 兴 区	7	22040	97	90	1094
门头沟区	2	5500	48	41	25
怀 柔 区	0	0	0	0	0
平 谷 区	3	3500	20	22	155
密 云 区	3	550	16	13	4
延 庆 区	0	0	0	0	0

2017 年各区创新创业中的科普（二）

地区	政府扶持 经费金额 /万元	孵化科技类 项目数量 /个	创新创业 培训次数 /次	创新创业 培训参加人数 /人次	科技类项目 投资路演和 宣传推介次数 /次
北　　京	4537370	75693	1822	245896	20431
中央在京	980	220	238	19655	148
市　　属	4535796	74739	559	167603	20024
区　　属	594	734	1025	58638	259
东 城 区	313	3	26	2435	4
西 城 区	50	2	260	15230	24
朝 阳 区	30	27	64	10583	9
丰 台 区	0	637	443	14218	149
石景山区	0	9	2	350	1
海 淀 区	4536413	74929	462	159513	20161
房 山 区	0	0	9	490	0
通 州 区	0	3	2	650	0
顺 义 区	130	11	83	2808	4
昌 平 区	220	29	57	1770	8
大 兴 区	2	22	35	2128	7
门头沟区	0	16	246	26023	50
怀 柔 区	0	0	4	90	0
平 谷 区	210	0	75	7198	8
密 云 区	2	5	18	700	5
延 庆 区	0	0	36	1710	1

2017年各区创新创业中的科普（三）

地区	科技类项目投资路演和宣传推介参加人数/人次	举办科技类创新创业赛事次数/次	科技类创新创业赛事参加人数/人次	销售额/万元
北　　京	226748	263	149847	137674
中央在京	7922	46	18369	6163
市　　属	206093	116	13700	124071
区　　属	12733	101	117778	7440
东 城 区	220	2	2030	124892
西 城 区	6367	32	101352	3929
朝 阳 区	1150	9	2478	834
丰 台 区	5672	50	14091	841
石景山区	50	2	570	350
海 淀 区	207552	144	27019	1047
房 山 区	0	0	0	0
通 州 区	0	0	0	1208
顺 义 区	402	3	232	115
昌 平 区	210	1	15	2421
大 兴 区	125	11	1260	40
门头沟区	4000	5	200	0
怀 柔 区	0	0	0	921
平 谷 区	700	0	0	45
密 云 区	100	2	100	1031
延 庆 区	200	2	500	0

附录 4　2016 年全国科普统计北京地区分类数据统计表

各项统计数据包括中央在京单位、市属单位和区县单位的数据。

4 个功能区的划分：首都功能核心区包括：东城区、西城区 2 个区；城市功能拓展区包括：朝阳区、丰台区、石景山区、海淀区 4 个区；城市发展新区包括：房山区、通州区、顺义区、昌平区、大兴区 5 个区；生态涵养发展区包括：门头沟区、平谷区、怀柔区、密云区、延庆区 5 个区。

2016 年各区科普人员（一）

单位：人

地区	科普专职人员	中级职称及以上或本科及以上学历人员	女性	农村科普人员	管理人员	科普创作人员
北　　京	9291	36612	31223	7499	1852	1323
中央在京	3175	11933	7662	159	819	543
市　　属	1381	8129	6060	32	232	406
区　　属	4735	16550	17501	7308	801	374
东 城 区	470	404	268	0	89	196
西 城 区	1022	713	570	13	211	121
朝 阳 区	2721	2204	898	1023	431	328
丰 台 区	338	219	167	7	58	46
石景山区	79	71	42	2	25	2
海 淀 区	2294	1707	1247	19	564	385
门头沟区	246	97	174	56	54	27
房 山 区	279	180	138	85	46	16
通 州 区	144	54	63	6	58	15
顺 义 区	441	209	146	44	67	121
昌 平 区	177	80	97	71	22	12
大 兴 区	17	14	8	0	5	0
怀 柔 区	175	74	62	119	39	18
平 谷 区	497	300	197	417	88	2
密 云 区	173	93	95	14	49	13
延 庆 区	206	163	108	4	43	21

2016 年各区科普人员（二）

单位：人

地区	科普兼职人员	中级职称及以上或本科及以上学历人员	女性	农村科普人员	年度实际投入工作量（人月）	注册科普志愿者
北　京	45669	30026	26932	5619	56414	9931
中央在京	11435	9651	6053	105	12046	2188
市　属	9395	7144	5266	23	7733	2473
区　属	24839	13231	15613	5491	36635	5270
东 城 区	4927	3983	2798	16	5839	387
西 城 区	5017	3965	2673	30	5474	3466
朝 阳 区	7260	5671	4593	307	10784	3854
丰 台 区	2066	1521	1331	56	2606	2361
石景山区	929	791	543	1	2119	10
海 淀 区	8229	6169	4492	144	6877	3742
门头沟区	2622	596	1767	1180	6577	414
房 山 区	1650	1166	1151	448	1832	1498
通 州 区	3497	1881	2230	410	1444	24
顺 义 区	2080	990	1166	368	2341	475
昌 平 区	2320	552	1370	1290	2916	1602
大 兴 区	55	53	35	0	25	0
怀 柔 区	1193	576	814	216	652	2
平 谷 区	478	246	203	197	774	122
密 云 区	2091	1160	1157	678	3762	108
延 庆 区	1255	706	609	278	2392	109

2016 年各区科普场地（一）

地区	科技馆/个	建筑面积 /平方米	展厅面积 /平方米	当年参观人数 /人次
北　　京	30	266907	149481	4799433
中央在京	6	115000	71145	3932790
市　　属	5	13470	8065	419000
区　　属	19	138437	70271	447643
东 城 区	1	1040	840	500
西 城 区	4	11700	7450	207000
朝 阳 区	6	64116	33500	200233
丰 台 区	2	5513	2300	14500
石景山区	1	9200	4200	30000
海 淀 区	6	155198	91880	4268200
门头沟区	1	3800	700	3000
房 山 区	0	0	0	0
通 州 区	2	3800	630	4000
顺 义 区	0	0	0	0
昌 平 区	4	3000	2330	13500
大 兴 区	1	920	850	500
怀 柔 区	0	0	0	0
平 谷 区	0	0	0	0
密 云 区	1	7080	3581	58000
延 庆 区	1	1540	1220	0

2016 年各区科普场地（二）

地区	科学技术博物馆/个	建筑面积/平方米	展厅面积/平方米	当年参观人数/人次	青少年科技馆（站）/个
北　　京	74	889500	325406	15006733	17
中央在京	22	332958	119528	3357600	0
市　　属	21	285948	97208	5650958	1
区　　属	31	270594	108670	5998175	16
东 城 区	9	68707	20998	2629960	3
西 城 区	7	189390	47540	4602814	3
朝 阳 区	11	282656	90076	2181973	2
丰 台 区	5	113157	33595	982497	3
石景山区	1	7650	5400	23350	0
海 淀 区	13	25161	15072	674878	2
门头沟区	0	0	0	0	0
房 山 区	3	19119	10137	311675	2
通 州 区	0	15600	5800	50000	0
顺 义 区	0	0	0	0	0
昌 平 区	3	78800	40500	1249600	0
大 兴 区	5	24939	11400	699000	0
怀 柔 区	3	11100	10600	265000	1
平 谷 区	0	3000	2600	40000	0
密 云 区	4	11450	5300	200000	1
延 庆 区	7	34771	23188	362579	0

2016 年各区科普场地（三）

地区	城市社区科普（技）专用活动室/个	农村科普（技）活动场地/个	科普宣传专用车/辆	科普画廊/个
北　京	5335	53	2065	1297
中央在京	125	6	32	24
市　　属	368	9	15	12
区　　属	4842	38	2018	1261
东 城 区	72	0	2	252
西 城 区	117	12	4	270
朝 阳 区	447	183	2	367
丰 台 区	80	25	1	408
石景山区	55	0	0	143
海 淀 区	69	27	7	112
门头沟区	1	0	0	1
房 山 区	118	131	8	343
通 州 区	109	257	2	468
顺 义 区	37	143	1	200
昌 平 区	23	170	2	881
大 兴 区	34	111	7	716
怀 柔 区	29	146	4	23
平 谷 区	30	161	5	481
密 云 区	46	331	4	349
延 庆 区	30	368	4	321

2016 年各区科普经费（一）

单位：万元

地区	年度科普经费筹集额	政府拨款	科普专项经费	社会捐赠	自筹资金	其他收入
北　京	170004.02	119692.77	13834.77	14532.48	30424.20	119692.77
中央在京	124202.59	92136.51	3855.10	9411.00	18799.99	92136.51
市　　属	45801.42	27556.26	9979.67	5121.48	3144.01	27556.26
区　　属	63227.33	24632.01	18048.31	12066.81	8480.21	24632.01
东 城 区	18418.96	10505.28	2893.45	512.40	6910.46	530.82
西 城 区	33958.98	23145.49	7932.95	2739.20	6682.09	1407.20
朝 阳 区	37810.57	16778.37	9303.05	796.39	17090.17	3145.64
丰 台 区	15557.96	13069.21	10362.49	0.00	1833.60	666.15
石景山区	1093.99	718.30	405.93	0.00	338.14	37.55
海 淀 区	122523.86	99259.99	86814.14	2.00	17775.96	5485.92
门头沟区	63.00	63.00	25.00	0.00	0.00	0.00
房 山 区	3116.00	2529.18	909.56	0.00	538.50	48.32
通 州 区	3695.65	2421.27	1969.72	0.00	1172.29	102.08
顺 义 区	1179.06	807.87	555.90	0.00	340.79	30.40
昌 平 区	2786.05	1514.02	567.93	0.00	1022.03	250.00
大 兴 区	2690.81	2512.03	1742.63	0.00	72.20	106.58
怀 柔 区	1523.84	1230.70	117.00	1.00	180.14	112.00
平 谷 区	1276.10	1047.10	90.00	0.00	218.00	11.00
密 云 区	2436.51	2159.25	993.97	0.00	230.50	46.76
延 庆 区	2988.55	2643.45	1618.39	2.00	320.90	22.20

2016 年各区科普经费（二）

单位：万元

地区	科技活动周经费筹集额	政府拨款	企业赞助	年度科普经费使用额	行政支出	科普活动支出
北　　京	4156.28	3813.50	41.00	201601.15	26952.91	126323.12
中央在京	63.38	63.38	0.00	102296.36	19145.99	69351.19
市　　属	1986.29	1855.29	14.00	13965.03	1668.53	10209.78
区　　属	2106.61	1894.83	27.00	85339.77	6138.39	46762.15
东 城 区	1521.00	1504.00	0.00	20826.45	2225.34	5387.50
西 城 区	281.08	252.08	15.00	10129.58	1549.09	6770.30
朝 阳 区	775.93	578.23	14.00	89446.02	17103.49	66798.82
丰 台 区	893.60	862.50	1.00	23887.41	1985.76	11730.81
石景山区	128.00	128.00	0.00	7469.75	46.33	4274.79
海 淀 区	124.00	115.00	0.00	15256.24	536.43	7580.49
门头沟区	20.60	20.60	0.00	4135.04	1851.78	662.22
房 山 区	10.00	7.00	0.00	2407.18	62.20	1263.05
通 州 区	48.12	26.12	9.00	2443.34	131.60	1802.63
顺 义 区	3.00	3.00	0.00	1122.14	13.50	573.74
昌 平 区	147.94	137.04	0.00	11089.44	58.10	10436.91
大 兴 区	10.31	8.43	0.00	2198.27	1.74	1954.80
怀 柔 区	23.70	20.50	1.00	3667.27	371.17	1643.26
平 谷 区	0.00	0.00	0.00	969.99	19.50	922.49
密 云 区	157.00	150.00	0.00	3550.29	250.07	2895.62
延 庆 区	12.00	1.00	1.00	3002.76	746.81	1625.71

2015 年各区科普经费（三）

单位：万元

地区	年度科普经费使用额				
	科普场馆基建支出	政府拨款支出	场馆建设支出	展品、设施支出	其他支出
北　　京	31883.08	13475.22	12837.82	13836.28	26599.29
中央在京	3855.10	1977.00	1096.00	2607.20	9411.00
市　　属	9979.67	4793.74	4435.86	3022.22	5121.48
区　　属	18048.31	6704.48	7305.96	8206.87	12066.81
东 城 区	1303.10	716.50	508.50	581.60	783.67
西 城 区	4247.84	3027.40	217.82	3921.62	7908.18
朝 阳 区	6116.49	665.00	3413.25	2402.24	907.42
丰 台 区	4919.89	2895.51	1544.55	1844.83	9897.02
石景山区	1271.21	0.00	0.00	1271.21	63.68
海 淀 区	8910.77	4163.78	5805.17	1767.01	5293.24
门头沟区	3.50	0.00	0.00	3.50	0.00
房 山 区	815.01	320.80	206.00	425.21	509.72
通 州 区	758.91	44.00	287.85	425.61	461.88
顺 义 区	215.50	80.00	46.00	89.50	86.00
昌 平 区	555.14	5.00	352.14	189.00	243.26
大 兴 区	1751.72	1462.51	31.00	327.21	44.80
怀 柔 区	67.00	44.00	26.00	41.00	52.50
平 谷 区	31.40	0.20	12.00	19.20	88.00
密 云 区	466.37	50.52	170.00	295.85	90.40
延 庆 区	422.70	0.00	191.10	231.60	169.51

2016年各区科普传媒（一）

地区	科普图书		科普期刊		科普（技）音像制品		
	出版种数/种	年出版总册数/册	出版种数/种	年出版总册数/册	出版种数/种	光盘发行总量/张	录音、录像带发行总量/盒
北　　京	130	28695217	3572	37026395	531	457194	170
中央在京	85	21299356	2585	33579227	76	141311	0
市　　属	16	6934092	877	2083600	8	17820	0
区　　属	29	461769	110	1363568	447	298063	170
东 城 区	122	8302552	33	17581850	4	2306	0
西 城 区	1054	7749941	19	1487680	30	18704	0
朝 阳 区	1497	6531528	26	14044036	28	76011	0
丰 台 区	29	174519	8	50144	422	12335	20
石景山区	10	500	3	18600	3	2000	100
海 淀 区	813	5717127	29	3275873	30	80010	0
房 山 区	0	0	0	0	0	0	0
通 州 区	8	126000	0	0	1	251200	0
顺 义 区	0	0	1	1500	1	480	0
昌 平 区	1	2500	4	3012	2	3000	0
大 兴 区	4	8000	3	62700	9	10648	0
怀 柔 区	20	28300	2	500000	1	300	0
平 谷 区	4	4000	2	1000	0	0	0
密 云 区	2	20000	0	0	0	200	50
延 庆 区	0	0	0	0	0	0	0

2016 年各区科普传媒（二）

地区	科技类报纸年发行总份数/份	电视台播出科普（技）节目时间/小时	电台播出科普（技）节目时间/小时	科普网站个数/个	发放科普读物和资料/份
北　　京	78221765	13329	9497	359	42405224
中央在京	72966000	7219	7684	217	22017996
市　　属	1777603	2393	354	53	5315330
区　　属	3478162	3717	1459	89	15071898
东 城 区	24640200	4020	335	83	2073801
西 城 区	27600	1665	2490	51	17289309
朝 阳 区	1750000	1628	370	65	3911265
丰 台 区	966	712	39	10	1014143
石景山区	2	69	5027	7	328430
海 淀 区	48801012	3199	62	95	8678480
门头沟区	0	0	0	0	2000
房 山 区	0	71	33	9	941334
通 州 区	1000	28	6	2	1253647
顺 义 区	1716002	291	178	2	562071
昌 平 区	15503	146	63	12	1436141
大 兴 区	1090000	402	15	8	681821
怀 柔 区	24000	228	321	1	812887
平 谷 区	121000	21	305	4	434368
密 云 区	0	46	228	6	1774440
延 庆 区	34480	803	25	4	1208087

2016 年各区科普活动（一）

地区	科普(技)讲座		科普(技)展览		科普(技)竞赛	
	举办次数 /次	参加人次 /人次	专题展览 次数/次	参观人次 /人次	举办次数 /次	参加人次 /人次
北　　京	66506	8136999	4286.00	38495531.00	2367	10158427
中央在京	7285	3256971	541	15711501	253	7772014
市　　属	21087	1332325	619.00	15549122.00	154	1227358
区　　属	38134	3547703	3126	7234908	1960	1159055
东 城 区	6228	747738	284	8465358	187	315340
西 城 区	5922	553603	453	6557717	299	2138447
朝 阳 区	23949	3733200	670	12961516	580	2786210
丰 台 区	2455	169885	186	1155567	193	28338
石景山区	1508	183257	131	104398	58	14525
海 淀 区	7647	1020797	492	6416551	248	4462749
门头沟区	4	560	6	3000	2	100
房 山 区	1711	220236	296	143222	68	11982
通 州 区	1953	145570	161	61724	57	7953
顺 义 区	946	252378	91	22700	33	8065
昌 平 区	1921	173912	111	1139476	44	80044
大 兴 区	3162	152916	52	368106	73	14358
怀 柔 区	2884	202611	997	217952	274	112950
平 谷 区	2082	118653	57	23350	34	5939
密 云 区	2663	315911	143	56413	114	138919
延 庆 区	1421	140226	148	162490	94	31526

2016 年各区科普活动（二）

地区	科普国际交流		成立青少年科技兴趣小组		科技夏(冬)令营	
	举办次数 /次	参加人数 /人次	兴趣小组数 /个	参加人数 /人次	举办次数 /次	参加人次 /人次
北　　京	466	110272	4140.00	330162.00	1371	249884
中央在京	284	9317	1309	23632	343	53901
市　　属	73	72017	253	13910	205	8996
区　　属	109	28938	2578.00	292620.00	823	186987
东 城 区	64	3060	399	46684	77	5751
西 城 区	75	67780	1618	67818	238	17937
朝 阳 区	107	25282	590	32825	203	78227
丰 台 区	4	1490	578	35808	103	53280
石景山区	3	74	97	3722	46	7285
海 淀 区	162	5727	262	14026	279	29405
门头沟区	0	0	0	0	2	100
房 山 区	18	853	118	6406	61	3445
通 州 区	8	1905	87	8495	12	21735
顺 义 区	0	0	55	1538	24	2316
昌 平 区	18	2026	46	3649	29	3211
大 兴 区	3	2030	7	1266	2	1910
怀 柔 区	0	0	156	100482	232	20810
平 谷 区	0	0	17	1863	10	157
密 云 区	0	0	66	3310	35	2444
延 庆 区	4	45	44	2270	18	1871

2016年各区科普活动（三）

地区	科技活动周		大学、科研机构向社会开放		举办实用技术培训		重大科普活动次数/次
	科普专题活动次数/次	参加人次/人次	开放单位个数/个	参观人数/人次	举办次数/次	参加人数/人次	
北　京	6774	58536108	807.00	750011.00	15412	932430	633
中央在京	811	54872852	658	631880	3233	666162720	229
市　　属	3306	2852048	97.00	78865.00	975	71815	79
区　　属	2657	811208	52	39266	11204	697895	325
东 城 区	327	117014	48	13367	393	44277	65
西 城 区	923	9967015	270	349282	1564	109291	88
朝 阳 区	3530	12240172	191	171360	3345	161572	190
丰 台 区	274	100669	2	8455	197	10487	22
石景山区	193	85467	7	19120	139	6639	16
海 淀 区	476	35721940	219	170732	1117	65997	119
门头沟区	3	300	1	75	1	34	0
房 山 区	112	51067	5	800	1801	52487	7
通 州 区	71	36057	0	0	561	50209	12
顺 义 区	103	26593	0	0	796	41315	27
昌 平 区	89	30954	6	6250	1544	93992	36
大 兴 区	94	21850	42	6990	433	31602	11
怀 柔 区	132	28826	0	0	215	14014	9
平 谷 区	126	44807	2	680	1532	90216	6
密 云 区	142	28469	0	0	557	88877	12
延 庆 区	174	34405	14	2900	1217	71421	13

2016 年各区创新创业中的科普（一）

地区	数量/个	办公场所建筑面积/平方米	工作人员数量/人	创业导师数量/人	服务创业人员数量/人
北　　京	333	3033623	8880	4194	47509
中央在京	107	1062305	410	1748	28688
市　　属	42	1356819	6437	1203	4275
区　　属	184	614499	2033	1243	14546
东 城 区	47	961076	148	396	633
西 城 区	51	103908	152	845	26409
朝 阳 区	7	14100	186	259	613
丰 台 区	20	40867	314	313	6469
石景山区	74	190324	466	362	696
海 淀 区	62	1342096	6516	1493	5516
门头沟区	0	0	0	0	0
房 山 区	40	181172	403	379	5211
通 州 区	2	2450	39	9	85
顺 义 区	5	31200	36	20	30
昌 平 区	6	157000	147	87	1052
大 兴 区	2	8000	2	13	85
怀 柔 区	0	0	0	0	0
平 谷 区	12	430	456	14	700
密 云 区	5	1000	15	4	10
延 庆 区	0	0	0	0	0

2016 年各区创新创业中的科普（二）

地区	政府扶持经费金额/万元	孵化科技类项目数量/个	创新创业培训次数/次	创新创业培训参加人数/人次	科技类项目投资路演和宣传推介次数/次
北　　京	30865	6879	2784	373646	1493
中央在京	16190	2797	650	300310	260
市　　属	6054	132	192	22862	66
区　　属	8621	3950	1942	50474	1167
东 城 区	390	180	33	5130	13
西 城 区	11784	2535	375	281753	221
朝 阳 区	100	20	101	15508	37
丰 台 区	2384	764	714	12139	857
石景山区	2799	2850	363	10526	96
海 淀 区	10200	193	337	18879	62
门头沟区	0	0	0	0	0
房 山 区	2928	168	438	8256	51
通 州 区	110	6	11	649	0
顺 义 区	80	8	17	800	7
昌 平 区	40	121	95	1684	129
大 兴 区	0	30	135	10140	13
怀 柔 区	0	0	1	30	0
平 谷 区	0	1	97	3151	0
密 云 区	50	3	23	3205	6
延 庆 区	0	0	44	1796	1

2016 年各区创新创业中的科普（三）

地区	科技类项目投资路演和宣传推介参加人数/人次	举办科技类创新创业赛事次数/次	科技类创新创业赛事参加人数/人次	科普企业数量/个	销售额/万元
北　　京	59656	452	143809	865	42944
中央在京	28953	193	120128	38	1932
市　　属	7977	11	1543	2	4002
区　　属	22726	248	22138	825	37010
东 城 区	344	7	2928	5	200
西 城 区	16871	156	70043	35	2502
朝 阳 区	8567	17	3765	6	4623
丰 台 区	6094	168	4689	27	3438
石景山区	1836	13	794	644	7950
海 淀 区	17911	26	49698	3	415
门头沟区	0	0	0	0	0
房 山 区	2683	18	778	85	1343
通 州 区	0	5	5105	13	11062
顺 义 区	800	0	0	10	0
昌 平 区	1899	12	3995	36	11258
大 兴 区	985	3	522	0	0
怀 柔 区	0	0	0	0	0
平 谷 区	0	20	1006	0	0
密 云 区	1466	6	286	1	153
延 庆 区	200	1	200	0	0

附录 5　2015 年全国科普统计北京地区分类数据统计表

各项统计数据包括中央在京单位、市属单位和区县单位的数据。

4 个功能区的划分：首都功能核心区包括：东城区、西城区 2 个区；城市功能拓展区包括：朝阳区、丰台区、石景山区、海淀区 4 个区；城市发展新区包括：房山区、通州区、顺义区、昌平区、大兴区 5 个区；生态涵养发展区包括：门头沟区、平谷区、怀柔区、密云区、延庆区 5 个区。

2015 年各区科普人员（一）

单位：人

地区	科普专职人员	中级职称及以上或本科及以上学历人员	女性	农村科普人员	管理人员	科普创作人员
北　京	7324	5070	3593	956	1536	1084
中央在京	2352	1895	1053	38	486	503
市　　属	1554	1135	911	71	347	405
区　　属	3418	2040	1629	847	703	176
东 城 区	452	393	273	7	103	104
西 城 区	792	625	436	8	188	109
朝 阳 区	909	750	388	68	165	218
丰 台 区	373	241	178	7	86	34
石景山区	59	50	35	0	27	1
海 淀 区	2079	1578	1081	12	463	428
门头沟区	152	110	72	68	29	12
房 山 区	162	94	89	10	44	17
通 州 区	212	130	83	55	45	8
顺 义 区	118	59	56	18	52	3
昌 平 区	212	140	107	34	36	85
大 兴 区	714	367	348	99	109	17
怀 柔 区	156	35	36	57	13	33
平 谷 区	518	270	189	451	71	1
密 云 区	221	85	112	58	57	1
延 庆 区	195	143	110	4	48	13

2015 年各区科普人员（二）

单位：人

地区	科普兼职人员	中级职称及以上或本科及以上学历人员	女性	农村科普人员	年度实际投入工作量（人月）	注册科普志愿者
北　京	40939	26690	22256	4503	46936	24083
中央在京	7475	6460	3688	195	7432	3951
市　　属	11324	8537	6285	1067	9732	1450
区　　属	22140	11693	12283	3241	29772	18682
东 城 区	4733	3720	2735	1	4541	434
西 城 区	4588	3347	2402	55	7912	6417
朝 阳 区	5236	4069	2808	1211	5256	3193
丰 台 区	2013	1360	1379	97	2667	774
石景山区	867	753	514	0	958	1005
海 淀 区	6980	5174	3939	270	5282	8675
门头沟区	666	373	371	171	978	57
房 山 区	1335	659	569	316	2206	441
通 州 区	918	638	590	300	993	379
顺 义 区	3138	1418	1406	202	1300	2
昌 平 区	2703	1691	1499	345	2990	585
大 兴 区	3503	1341	1976	475	4754	1865
怀 柔 区	906	493	487	231	1117	2
平 谷 区	456	189	149	249	821	154
密 云 区	1645	734	821	312	2267	0
延 庆 区	1252	731	611	268	2894	100

2015 年各区科普场地（一）

地区	科技馆/个	建筑面积/平方米	展厅面积/平方米	当年参观人数/人次
北　京	31	233692	137466	4848607
中央在京	5	106800	65365	3377000
市　属	9	76750	48750	1056744
区　属	17	50142	23351	414863
东城区	2	1860	1320	18251
西城区	4	39900	16800	773500
朝阳区	2	4810	4100	178493
丰台区	2	4713	1200	101500
石景山区	1	9200	4200	30000
海淀区	6	141008	93030	3483463
门头沟区	2	4300	950	10000
房山区	1	2890	2000	3000
通州区	2	3770	670	7000
顺义区	1	800	640	4600
昌平区	3	2800	2365	6200
大兴区	0	0	0	0
怀柔区	1	900	430	200000
平谷区	2	8203	4960	22600
密云区	1	6998	3581	0
延庆区	1	1540	1220	10000

2015 年各区科普场地（二）

地区	科学技术博物馆/个	建筑面积/平方米	展厅面积/平方米	当年参观人数/人次	青少年科技馆（站）/个
北　　京	71	845625	346180	11783302	14
中央在京	24	277368	119326	2978438	1
市　　属	24	333471	102783	5560102	2
区　　属	23	234786	124071	3244762	11
东 城 区	9	124358	36608	1943310	2
西 城 区	7	112870	18950	2780741	3
朝 阳 区	11	147010	72468	1651334	1
丰 台 区	5	120419	34295	996204	4
石景山区	1	6300	4300	6096	0
海 淀 区	13	62745	23031	717923	1
门头沟区	0	0	0	0	0
房 山 区	3	23694	12242	388663	0
通 州 区	0	0	0	0	0
顺 义 区	0	0	0	0	0
昌 平 区	3	91150	45100	1217500	1
大 兴 区	5	39539	20600	694000	0
怀 柔 区	3	71000	50400	330000	1
平 谷 区	0	0	0	0	0
密 云 区	4	12100	5900	161417	1
延 庆 区	7	34440	22286	896114	0

2015 年各区科普场地（三）

地区	城市社区科普（技）专用活动室/个	农村科普（技）活动场地/个	科普宣传专用车/辆	科普画廊/个
北　　京	1112	1832	62	4258
中央在京	12	1	0	142
市　　属	30	26	13	559
区　　属	1070	1805	49	3557
东 城 区	92	0	5	176
西 城 区	204	0	7	232
朝 阳 区	176	80	7	283
丰 台 区	78	28	2	768
石景山区	48	0	1	100
海 淀 区	192	43	4	398
门头沟区	26	60	2	233
房 山 区	72	156	11	76
通 州 区	49	153	4	409
顺 义 区	22	119	0	149
昌 平 区	15	100	1	394
大 兴 区	27	91	3	117
怀 柔 区	38	199	3	35
平 谷 区	14	95	4	481
密 云 区	37	349	4	107
延 庆 区	22	359	4	300

2015 年各区科普经费（一）

单位：万元

地区	年度科普经费筹集额	政府拨款	科普专项经费	社会捐赠	自筹资金	其他收入
北　　京	212621.68	163029.30	119851.78	1297.00	33878.02	14433.76
中央在京	105779.98	81805.75	72219.50	1073.00	14233.83	8657.80
市　　属	15136.94	10393.59	7364.42	110.00	4204.36	429.00
区　　属	91704.76	70829.97	40267.87	114.00	15439.84	5346.96
东 城 区	23338.42	19825.32	12402.13	2.00	3203.86	297.64
西 城 区	15647.41	8723.98	5656.35	6.00	6370.04	547.40
朝 阳 区	89261.05	76362.39	72200.20	135.70	10116.46	2646.50
丰 台 区	24456.36	21701.87	8199.89	30.30	446.97	2277.22
石景山区	7718.48	6364.69	5747.85	0.00	779.94	573.85
海 淀 区	17052.80	4263.18	3181.81	1077.00	5364.32	6348.30
门头沟区	4212.08	3446.98	976.40	36.00	710.70	18.40
房 山 区	2314.28	1699.42	1469.62	0.00	506.06	108.80
通 州 区	4088.52	2187.19	1321.72	0.00	1895.23	26.10
顺 义 区	1114.49	884.38	576.50	0.00	229.61	0.50
昌 平 区	10727.51	9314.16	2868.53	10.00	1224.35	179.00
大 兴 区	2272.54	1345.33	557.31	0.00	917.57	9.64
怀 柔 区	2369.22	1786.99	1205.07	0.00	266.53	321.70
平 谷 区	1652.96	699.83	580.61	0.00	54.72	898.41
密 云 区	3307.13	2555.23	1546.85	0.00	574.90	177.00
延 庆 区	3088.44	1868.36	1360.96	0.00	1216.77	3.30

2015 年各区科普经费（二）

单位：万元

地区	科技活动周经费筹集额	政府拨款	企业赞助	年度科普经费使用额	行政支出	科普活动支出
北　京	4156.28	3813.50	41.00	201601.15	26952.91	126323.12
中央在京	63.38	63.38	0.00	102296.36	19145.99	69351.19
市　属	1986.29	1855.29	14.00	13965.03	1668.53	10209.78
区　属	2106.61	1894.83	27.00	85339.77	6138.39	46762.15
东 城 区	1521.00	1504.00	0.00	20826.45	2225.34	5387.50
西 城 区	281.08	252.08	15.00	10129.58	1549.09	6770.30
朝 阳 区	775.93	578.23	14.00	89446.02	17103.49	66798.82
丰 台 区	893.60	862.50	1.00	23887.41	1985.76	11730.81
石景山区	128.00	128.00	0.00	7469.75	46.33	4274.79
海 淀 区	124.00	115.00	0.00	15256.24	536.43	7580.49
门头沟区	20.60	20.60	0.00	4135.04	1851.78	662.22
房 山 区	10.00	7.00	0.00	2407.18	62.20	1263.05
通 州 区	48.12	26.12	9.00	2443.34	131.60	1802.63
顺 义 区	3.00	3.00	0.00	1122.14	13.50	573.74
昌 平 区	147.94	137.04		11089.44	58.10	10436.91
大 兴 区	10.31	8.43	0.00	2198.27	1.74	1954.80
怀 柔 区	23.70	20.50	1.00	3667.27	371.17	1643.26
平 谷 区	0.00	0.00	0.00	969.99	19.50	922.49
密 云 区	157.00	150.00	0.00	3550.29	250.07	2895.62
延 庆 区	12.00	1.00	1.00	3002.76	746.81	1625.71

2015 年各区科普经费（三）

单位：万元

地区	年度科普经费使用额				
	科普场馆基建支出	政府拨款支出	场馆建设支出	展品、设施支出	其他支出
北　　京	14160.07	7010.06	2650.06	10227.20	30605.86
中央在京	563.66	213.20	12.63	338.38	13235.51
市　　属	1224.92	271.46	608.90	590.32	866.80
区　　属	12371.49	6525.40	2028.53	9298.50	16503.55
东 城 区	1802.04	271.58	161.63	1507.41	11411.57
西 城 区	597.75	96.76	231.20	443.90	1212.44
朝 阳 区	1409.07	706.60	637.00	607.77	4134.64
丰 台 区	2953.10	2122.21	290.00	2486.21	3647.55
石景山区	648.80	445.80	287.60	133.20	2499.84
海 淀 区	1281.22	156.90	338.70	822.82	5858.10
门头沟区	1345.24	1113.24	192.54	750.70	275.80
房 山 区	784.78	350.90	265.20	468.58	288.15
通 州 区	99.30	31.80	0.00	86.30	429.81
顺 义 区	531.00	183.00	0.00	532.00	3.90
昌 平 区	371.53	79.00	75.50	254.03	222.90
大 兴 区	55.50	2.27	53.14	0.09	186.23
怀 柔 区	1543.09	1400.00	5.55	1538.54	109.74
平 谷 区	15.00	5.00	10.00	20.00	13.00
密 云 区	133.31	0.00	15.00	108.31	271.30
延 庆 区	589.34	45.00	87.00	467.34	40.90

2015 年各区科普传媒（一）

地区	科普图书		科普期刊		科普（技）音像制品		
	出版种数/种	年出版总册数/册	出版种数/种	年出版总册数/册	出版种数/种	光盘发行总量/张	录音、录像带发行总量/盒
北　　京	4595	73344594	123	19245030	253	1224233	67600
中央在京	3314	63879761	86	15349731	90	223088	67500
市　　属	1081	8898333	22	3656799	144	753785	0
区　　属	200	566500	15	238500	19	247360	100
东 城 区	201	1616400	37	2449702	34	68350	0
西 城 区	862	6162735	16	2382405	8	40078	2500
朝 阳 区	1793	7445783	19	11347411	110	683385	0
丰 台 区	55	38600	5	512600	3	2900	100
石景山区	5	900	5	37600	3	200	0
海 淀 区	1591	57644376	32	2309600	75	175560	55000
房 山 区	13	129000	1	20000	5	210500	0
通 州 区	9	9500	1	1000	0	0	0
顺 义 区	30	100000	0	0	0	0	0
昌 平 区	12	26100	3	12712	11	20700	10000
大 兴 区	4	50000	0	0	2	500	0
怀 柔 区	1	2000	0	0	0	0	0
平 谷 区	0	0	2	152000	0	60	0
密 云 区	0	0	0	0	0	0	0
延 庆 区	7	28200	0	0	0	0	0

2015年各区科普传媒（二）

地区	科技类报纸年发行总份数/份	电视台播出科普（技）节目时间/小时	电台播出科普（技）节目时间/小时	科普网站个数/个	发放科普读物和资料/份
北　　京	120548775	18840	16247	343	78730936
中央在京	28103504	5685	11573	128	57067675
市　　属	89298891	10659	3337	107	7511513
区　　属	3146380	2496	1337	108	14151748
东 城 区	91536084	4966	657	84	2194690
西 城 区	5081980	270	6976	39	4407437
朝 阳 区	37231	3502	518	54	2418402
丰 台 区	1942000	574	332	7	1758552
石景山区	0	38	4661	14	550541
海 淀 区	20820000	7262	1743	71	57079019
门头沟区	0	154	0	4	473994
房 山 区	2000	44	2	4	744650
通 州 区	0	24	12	3	913367
顺 义 区	0	284	1118	1	743228
昌 平 区	0	229	80	19	2173098
大 兴 区	10000	189	3	7	960593
怀 柔 区	0	351	109	20	1228754
平 谷 区	1004000	6	0	5	679350
密 云 区	0	35	17	6	1134842
延 庆 区	115480	932	19	5	1270419

2015 年各区科普活动（一）

地区	科普(技)讲座		科普(技)展览		科普(技)竞赛	
	举办次数/次	参加人次/人次	专题展览次数/次	参观人次/人次	举办次数/次	参加人次/人次
北　京	46345	5654314	5170	48716333	3362	84637476
中央在京	2653	501615	1130	26115145	187	82292266
市　属	8544	1195237	668	18860960	916	904642
区　属	35148	3957462	3372	3740228	2259	1440568
东 城 区	6573	515178	338	5345380	278	643926
西 城 区	5334	587335	590	8601866	979	82323413
朝 阳 区	7248	886122	578	1822818	642	738243
丰 台 区	2774	213230	163	1286466	171	61853
石景山区	1143	132176	85	64320	73	29813
海 淀 区	5024	902944	1229	29048862	179	311722
门头沟区	559	74463	104	39328	25	18384
房 山 区	811	151526	125	204331	62	17311
通 州 区	796	95479	92	52535	91	5652
顺 义 区	2581	163438	62	317687	78	85057
昌 平 区	1409	110791	152	378892	55	6187
大 兴 区	805	80076	199	134993	47	12897
怀 柔 区	2976	308874	1075	246045	385	152211
平 谷 区	1400	100256	41	22703	46	4665
密 云 区	5381	1191092	144	118456	143	191799
延 庆 区	1531	141334	193	1031651	108	34343

2015年各区科普活动（二）

地区	科普国际交流		成立青少年科技兴趣小组		科技夏(冬)令营	
	举办次数/次	参加人数/人次	兴趣小组数/个	参加人数/人次	举办次数/次	参加人次/人次
北　　京	345	22380	3153	370798	1281	209839
中央在京	178	9033	128	11907	261	45603
市　　属	49	5351	169	24545	332	14049
区　　属	118	7996	2856	334346	688	150187
东 城 区	62	3766	202	27630	180	7413
西 城 区	54	3510	620	89411	212	12981
朝 阳 区	45	2068	335	24270	100	12354
丰 台 区	15	932	499	56454	59	63732
石景山区	14	1955	127	6411	48	20084
海 淀 区	99	4646	315	18649	198	21646
门头沟区	3	14	18	571	17	810
房 山 区	9	360	231	4707	4	410
通 州 区	1	20	86	8867	12	2805
顺 义 区	4	320	82	2095	57	5329
昌 平 区	13	1129	94	6854	100	6928
大 兴 区	16	3080	96	9516	1	170
怀 柔 区	1	20	294	106945	262	22270
平 谷 区	0	0	9	250	4	80
密 云 区	4	500	88	4934	9	30400
延 庆 区	5	60	57	3234	18	2427

2015 年各区科普活动（三）

地区	科技活动周		大学、科研机构向社会开放		举办实用技术培训		重大科普活动次数/次
	科普专题活动次数/次	参加人次/人次	开放单位个数/个	参观人数/人次	举办次数/次	参加人数/人次	
北　　京	6662	64057655	523	491895	14307	811161	983
中央在京	204	60628351	297	342507	964	51895	238
市　　属	3259	2537602	121	67598	2291	111420	220
区　　属	3199	891702	105	81790	11052	647846	525
东 城 区	573	356504	200	52248	1271	88847	115
西 城 区	379	2741317	40	25575	873	78545	135
朝 阳 区	3355	2119241	98	64715	1210	34299	100
丰 台 区	259	108836	8	18595	140	9912	38
石景山区	120	33648	7	1750	130	11101	16
海 淀 区	270	58284567	116	298299	804	42115	229
门头沟区	562	26540	12	0	268	18770	221
房 山 区	70	82410	3	500	292	30968	20
通 州 区	108	37748	1	103	456	36437	13
顺 义 区	90	21506	0	0	771	48728	6
昌 平 区	123	38737	26	7660	2439	89457	9
大 兴 区	138	56760	8	13150	1205	45310	30
怀 柔 区	171	40983	0	0	440	21543	15
平 谷 区	126	38341	1	300	617	59669	12
密 云 区	145	32261	0	0	1699	128487	0
延 庆 区	173	38256	3	9000	1692	66973	24

2015 年各区创新创业中的科普（一）

地区	数量 /个	办公场所 建筑面积 /平方米	工作人员 数量/人	创业导师 数量/人	服务创业 人员数量 /人
北　　京	274	456986	779	698	6963
中央在京	21	35092	51	182	959
市　　属	8	6680	201	115	680
区　　属	245	415214	527	401	5324
东 城 区	1	1100	8	4	12
西 城 区	21	30800	42	114	445
朝 阳 区	215	161540	143	194	1202
丰 台 区	3	9054	82	28	610
石景山区	8	70360	79	145	2757
海 淀 区	17	10692	188	96	1029
门头沟区	0	0	0	0	0
房 山 区	2	6000	80	12	60
通 州 区	1	200	15	2	15
顺 义 区	2	60000	40	7	15
昌 平 区	4	107240	102	96	818
大 兴 区	0	0	0	0	0
怀 柔 区	0	0	0	0	0
平 谷 区	0	0	0	0	0
密 云 区	0	0	0	0	0
延 庆 区	0	0	0	0	0

2015 年各区创新创业中的科普（二）

地区	政府扶持经费金额/万元	孵化科技类项目数量/个	创新创业培训次数/次	创新创业培训参加人数/人次	科技类项目投资路演和宣传推介次数/次
北　　京	4194	821	1523	94505	461
中央在京	330	267	187	29420	91
市　　属	20	41	166	9839	102
区　　属	3844	513	1170	55245	268
东 城 区	0	1	21	250	3
西 城 区	200	157	156	27733	29
朝 阳 区	0	77	194	11888	149
丰 台 区	320	31	84	2855	35
石景山区	1281	275	133	4478	25
海 淀 区	130	11	576	15704	94
门头沟区	0	0	2	0	0
房 山 区	1092	2	13	1360	10
通 州 区	0	0	15	340	11
顺 义 区	0	30	48	2449	4
昌 平 区	1171	137	83	1630	96
大 兴 区	0	0	104	20000	0
怀 柔 区	0	0	1	30	0
平 谷 区	0	0	57	4124	0
密 云 区	0	0	10	370	4
延 庆 区	0	0	26	1293	1

2015 年各区创新创业中的科普（三）

地区	科技类项目投资路演和宣传推介参加人数/人次	举办科技类创新创业赛事次数/次	科技类创新创业赛事参加人数/人次	科普企业数量/个	销售额/万元
北　　京	75884	210	54882	100	40471
中央在京	7030	162	34260	7	370
市　　属	61130	24	7593	5	955
区　　属	7724	24	13029	88	39146
东 城 区	0	1	2033	0	0
西 城 区	4330	173	28762	6	11190
朝 阳 区	11138	9	7087	25	2980
丰 台 区	1240	1	65	1	0
石景山区	729	6	567	1	110
海 淀 区	55286	8	9900	6	135
门头沟区	0	0	0	0	0
房 山 区	202	2	400	0	0
通 州 区	30	1	5000	8	7027
顺 义 区	120	0	0	17	3400
昌 平 区	2049	6	730	34	10729
大 兴 区	500	1	300	1	14900
怀 柔 区	0	0	0	0	0
平 谷 区	0	0	0	0	0
密 云 区	60	1	38	0	0
延 庆 区	200	1	0	0	0

附录6 2014年全国科普统计北京地区分类数据统计表

　　各项统计数据包括中央在京单位、市属单位和区县单位的数据。

　　4个功能区的划分：首都功能核心区包括：东城区、西城区2个区；城市功能拓展区包括：朝阳区、丰台区、石景山区、海淀区4个区；城市发展新区包括：房山区、通州区、顺义区、昌平区、大兴区5个区；生态涵养发展区包括：门头沟区、平谷区、怀柔区、密云县、延庆县5个区县。

2014 年各区县科普人员（一）

单位：人

地区	科普专职人员	中级职称及以上或本科及以上学历人员	女性	农村科普人员	管理人员	科普创作人员
北　　京	7062	4915	3596	994	1580	1132
中央在京	2157	1749	1142	121	503	475
市　　属	1487	1195	866	9	387	455
区 县 属	3418	1971	1588	864	690	202
东 城 区	755	532	363	0	139	135
西 城 区	853	690	472	68	245	147
朝 阳 区	1567	1261	844	72	369	301
丰 台 区	390	288	168	10	98	34
石景山区	213	205	134	0	23	5
海 淀 区	986	793	565	1	260	305
门头沟区	99	60	36	22	26	6
房 山 区	169	65	126	29	41	17
通 州 区	97	81	37	8	30	1
顺 义 区	72	42	48	8	5	5
昌 平 区	205	135	94	37	42	83
大 兴 区	717	201	325	308	120	26
怀 柔 区	154	26	39	6	30	39
平 谷 区	409	259	162	375	50	1
密 云 县	151	107	76	17	54	0
延 庆 县	225	170	107	33	48	27

2014 年各区县科普人员（二）

单位：人

地区	科普兼职人员	中级职称及以上或本科及以上学历人员	女性	农村科普人员	年度实际投入工作量（人月）	注册科普志愿者
北　　京	34677	21456	19014	3810	48440	20676
中央在京	5884	5062	3117	153	5414	4024
市　　属	6123	4013	3511	83	7563	387
区 县 属	22670	12381	12386	3574	35463	16265
东 城 区	2342	1361	1243	1	3152	234
西 城 区	4128	2980	2347	55	7077	4658
朝 阳 区	5991	4502	3922	325	5773	2250
丰 台 区	2202	1349	1496	70	3117	346
石景山区	1791	908	1331	2	2323	1002
海 淀 区	3761	3006	2136	186	4741	7768
门头沟区	890	300	255	175	584	113
房 山 区	1270	740	529	292	1874	430
通 州 区	900	581	513	216	1304	47
顺 义 区	2974	1485	1307	356	2224	2402
昌 平 区	1477	776	719	315	2740	417
大 兴 区	2035	961	694	791	5556	503
怀 柔 区	1483	745	884	246	1382	41
平 谷 区	365	227	152	190	810	430
密 云 县	1731	785	849	287	2585	0
延 庆 县	1337	750	637	303	3198	35

2014 年各区县科普场地（一）

地区	科技馆/个	建筑面积/平方米	展厅面积/平方米	当年参观人数/人次
北　　京	31	319979	167501	4719603
中央在京	4	106200	65280	3239000
市　　属	11	50180	22750	862574
区 县 属	16	163599	79471	618029
东 城 区	1	660	600	13171
西 城 区	4	14400	11000	75500
朝 阳 区	4	125725	69830	3432295
丰 台 区	3	13613	3560	104500
石景山区	1	9200	8000	15000
海 淀 区	7	69860	22050	588127
门头沟区	1	3800	700	3000
房 山 区	0	0	0	0
通 州 区	1	3170	270	5000
顺 义 区	0	0	0	0
昌 平 区	2	2300	2000	6200
大 兴 区	2	6763	4000	62010
怀 柔 区	2	60900	40430	400000
平 谷 区	1	500	160	2800
密 云 县	1	6998	3581	1000
延 庆 县	1	2090	1320	11000

2014 年各区县科普场地（二）

地区	科学技术博物馆/个	建筑面积/平方米	展厅面积/平方米	当年参观人数/人次	青少年科技馆（站）/个
北　　京	70	777777	308565	11221642	11
中央在京	22	231438	113593	2368963	0
市　　属	26	385534	117143	6502768	2
区县属	22	160805	77829	2349911	9
东 城 区	8	107767	34540	1289876	2
西 城 区	7	141270	27250	3334214	1
朝 阳 区	14	141990	65368	1829992	1
丰 台 区	4	111518	31935	1087794	2
石景山区	1	6300	4300	11051	0
海 淀 区	12	70526	32335	564953	1
门头沟区	1	10120	2400	48000	0
房 山 区	3	23694	12242	240270	0
通 州 区	2	20402	8600	40000	0
顺 义 区	0	0	0	0	1
昌 平 区	4	74650	46865	1242300	0
大 兴 区	3	23850	13312	341000	1
怀 柔 区	1	5500	5000	30000	1
平 谷 区	0	0	0	0	1
密 云 县	3	9300	5200	141417	0
延 庆 县	7	30890	19218	1020775	0

2014 年各区县科普场地（三）

地区	城市社区科普（技）专用活动室/个	农村科普（技）活动场地/个	科普宣传专用车/辆	科普画廊/个
北　　京	1014	1839	82	3231
中央在京	22	1	0	109
市　　属	36	0	14	225
区 县 属	956	1838	68	2897
东 城 区	107	0	4	185
西 城 区	121	0	7	242
朝 阳 区	172	134	9	309
丰 台 区	95	20	1	797
石景山区	41	0	2	153
海 淀 区	92	43	2	176
门头沟区	7	17	2	78
房 山 区	35	70	18	73
通 州 区	15	174	2	232
顺 义 区	35	122	1	144
昌 平 区	111	127	12	240
大 兴 区	34	115	8	98
怀 柔 区	44	201	0	44
平 谷 区	23	107	2	90
密 云 县	36	354	4	125
延 庆 县	46	355	8	245

2014 年各区县科普经费（一）

单位：万元

地区	年度科普经费筹集额	政府拨款	科普专项经费	社会捐赠	自筹资金	其他收入
北　　京	217381.08	149798.52	99008.85	9718.50	49775.23	8088.83
中央在京	109575.08	70403.36	50585.93	9601.5	27863.94	1706.28
市　　属	63124.85	45605.57	26781.80	0.00	12942.65	4576.63
区 县 属	44681.15	33789.59	21641.13	117.00	8968.64	1805.92
东 城 区	21156.13	14344.71	7169.45	4684.00	1182.40	945.02
西 城 区	36903.07	21405.01	5831.39	4240.00	7882.51	3375.55
朝 阳 区	69454.65	51679.81	38528.56	140.00	15736.70	1898.14
丰 台 区	13389.39	10457.48	8574.63	0.00	2201.09	730.82
石景山区	1550.87	1187.72	1108.77	0.00	304.90	58.25
海 淀 区	51315.89	35374.54	30398.07	637.50	14960.45	343.40
门头沟区	1407.43	1053.93	700.48	0.00	349.50	4.00
房 山 区	1767.66	1099.24	878.59	0.00	638.42	30.00
通 州 区	3496.68	2547.02	1755.53	0.00	837.96	111.70
顺 义 区	1070.18	597.53	298.25	3.00	423.65	46.00
昌 平 区	2506.17	1797.02	861.84	0.00	456.85	252.30
大 兴 区	7324.90	4006.71	1043.73	2.00	3230.19	86.00
怀 柔 区	1376.91	920.65	436.50	1.00	343.35	111.91
平 谷 区	496.42	440.99	171.65	0.00	50.74	4.69
密 云 县	1377.79	742.84	398.20	1.00	573.20	60.75
延 庆 县	2786.94	2143.32	853.22	10.00	603.32	30.30

2014年各区县科普经费（二）

单位：万元

地区	科技活动周经费筹集额	政府拨款	企业赞助	年度科普经费使用额	行政支出	科普活动支出
北　　京	2637.67	2091.76	135.93	210522.76	32929.60	112852.11
中央在京	390.37	17299.00	45.43	101127.43	15383.58	58461.55
市　　属	1506.68	1387.95	19.00	64685.17	10603.57	34596.12
区 县 属	740.62	530.82	71.50	44710.16	6942.45	19794.44
东 城 区	75.10	67.55	1.05	20901.05	12230.00	14410.30
西 城 区	219.57	180.27	11.60	34373.68	12564.56	9965.41
朝 阳 区	605.16	419.96	1.00	63324.73	12333.18	46109.24
丰 台 区	44.64	37.81	0.50	12454.26	640.27	2013.17
石景山区	25.10	20.60	0.00	1038.95	10.20	717.89
海 淀 区	1182.25	1115.72	43.78	48923.73	2685.11	26978.76
门头沟区	10.03	8.93	1.00	1524.77	407.16	927.16
房 山 区	32.00	7.00	5.00	1827.62	20.80	1008.05
通 州 区	96.52	49.52	7.00	3431.63	36273.00	1354.50
顺 义 区	49.08	23.08	13.00	1050.03	22.02	457.86
昌 平 区	104.30	30.30	42.00	2235.39	436.80	1450.15
大 兴 区	33.52	31.52	2.00	5288.19	2631.92	976.67
怀 柔 区	55.50	49.50	0.00	1664.11	112.80	489.35
平 谷 区	9.20	8.20	0.00	647.42	37.20	595.02
密 云 县	58.20	12.60	1.00	1307.69	19.80	968.50
延 庆 县	37.50	29.20	7.00	5730.52	522.75	4430.09

2014 年各区县科普经费（三）

单位：万元

地区	年度科普经费使用额				其他支出
	科普场馆基建支出	政府拨款支出	场馆建设支出	展品、设施支出	
北　京	25692.14	8751.05	5496.18	17143.09	39048.91
中央在京	10330.32	171.98	2230.32	7719.50	16951.98
市　　属	5588.90	3649.41	1165.20	3614.36	13896.58
区县属	9772.92	4929.66	2100.66	5809.23	8200.35
东城区	5727.93	952.43	1265.93	3823.50	640.52
西城区	5302.20	210.00	935.10	4297.10	6541.51
朝阳区	2540.38	197.87	882.00	1176.66	7140.93
丰台区	2481.43	2105.92	199.20	1554.15	7319.40
石景山区	244.46	4.50	0	244.46	66.4
海淀区	3515.91	2269.57	556.58	2827.54	15743.95
门头沟区	169.70	115.20	33.00	120.70	20.75
房山区	735.82	548.82	105.00	490.82	62.95
通州区	1613.80	1297.50	296.05	1304.95	100.60
顺义区	450.60	41.00	329.00	100.60	119.55
昌平区	312.60	30.00	92.00	194.86	35.84
大兴区	642.60	450.00	445.00	112.60	1037.00
怀柔区	1002.70	267.00	80.00	292.70	59.26
平谷区	15.00	0.00	8.00	0.00	0.20
密云县	269.94	13.24	136.40	120.30	49.45
延庆县	667.08	248.00	132.92	48216.00	110.60

2014 年各区县科普传媒（一）

地区	科普图书		科普期刊		科普（技）音像制品		
	出版种数/种	年出版总册数/册	出版种数/种	年出版总册数/册	出版种数/种	光盘发行总量/张	录音、录像带发行总量/盒
北　　京	3605	27954275	68	13788300	71	244501	4385
中央在京	2450	19138775	59	11637900	25	146090	4385
市　　属	1155	8815500	7	2118400	46	98411	0
区 县 属	0	0	2	32000	0	0	0
东 城 区	338	1305012	11	1152400	3	42200	0
西 城 区	1205	8960000	15	4600400	15	47250	4010
朝 阳 区	1341	6120000	17	5662900	12	94351	0
丰 台 区	151	735700	5	948000	0	0	0
石景山区	0	0	1	18000	0	0	0
海 淀 区	569	10832563	18	1386600	5	9900	375
门头沟区	0	0	0	0	0	0	0
房 山 区	0	0	1	20000	0	300	0
通 州 区	0	0	0	0	0	0	0
顺 义 区	0	0	0	0	0	0	0
昌 平 区	1	1000	0	0	0	0	0
大 兴 区	0	0	0	0	36	50500	0
怀 柔 区	0	0	0	0	0	0	0
平 谷 区	0	0	0	0	0	0	0
密 云 县	0	0	0	0	0	0	0
延 庆 县	0	0	0	0	0	0	0

2014 年各区县科普传媒（二）

地区	科技类报纸年发行总份数/份	电视台播出科普（技）节目时间/小时	电台播出科普（技）节目时间/小时	科普网站个数/个	发放科普读物和资料/份
北 京	21856000	8822	9885	184	34955966
中央在京	21356000	4405	8730	81	10764319
市 属	500000	2500	426	37	5637712
区 县 属	0	1917	729	66	18553935
东 城 区	2286000	0	0	11	1925357
西 城 区	153600	0	3739	33	9913685
朝 阳 区	500000	2500	426	42	4368522
丰 台 区	0	550	0	7	4104736
石景山区	0	0	4991	3	913799
海 淀 区	18956000	4405	0	35	3112491
门头沟区	0	4	0	4	181389
房 山 区	0	22	55	3	763861
通 州 区	0	8	4	4	1063694
顺 义 区	0	168	28	0	926760
昌 平 区	0	208	365	22	1852968
大 兴 区	0	30	30	6	536558
怀 柔 区	0	115	96	2	804477
密 云 县	0	56	122	5	1134823
延 庆 县	0	720	17	3	2441295

2014 年各区县科普活动 （一）

地区	科普（技）讲座		科普（技）展览		科普（技）竞赛	
	举办次数/次	参加人次/人次	专题展览次数/次	参观人次/人次	举办次数/次	参加人次/人次
北　　京	48898	5598585	4935	39685186	3035	64984132
中央在京	3895	692623	902	25583176	320	63553683
市　　属	8421	1846825	796	10606617	687	389140
区 县 属	36582	3059137	3237	3495393	2028	1061309
东 城 区	5608	414768	284	5451326	341	222757
西 城 区	5458	431225	510	2389001	479	63569375
朝 阳 区	7656	819194	877	19361667	731	261029
丰 台 区	3727	1179397	153	2159405	190	73693
石景山区	1115	100512	54	39250	74	33800
海 淀 区	5327	933158	716	8349390	252	355785
门头沟区	662	61191	230	29453	44	16345
房 山 区	1169	138009	76	105442	54	16471
通 州 区	1641	160500	86	59580	139	68560
顺 义 区	2797	186742	120	290839	61	4866
昌 平 区	1717	134651	210	396455	52	8951
大 兴 区	1609	125952	236	147331	63	23278
怀 柔 区	2796	247238	1012	241500	288	124355
平 谷 区	814	131694	48	10646	28	5421
密 云 县	5148	359382	114	91740	157	165227
延 庆 县	1654	174972	209	562161	82	34219

2014 年各区县科普活动（二）

地区	科普国际交流		成立青少年科技兴趣小组		科技夏(冬)令营	
	举办次数/次	参加人数/人次	兴趣小组数/个	参加人数/人次	举办次数/次	参加人次/人次
北　　京	356	33866	3310	350641	1058	135440
中央在京	206	6501	308	11123	215	30952
市　　属	92	18996	83	44170	193	8661
区 县 属	58	8369	2919	295348	650	95827
东 城 区	11	3142	324	11729	68	6759
西 城 区	82	8647	445	69425	195	9853
朝 阳 区	94	4440	436	31907	105	11622
丰 台 区	3	83	342	60476	48	12903
石景山区	0	0	489	14560	22	2657
海 淀 区	121	4412	360	29320	129	16928
门头沟区	5	68	23	568	27	10397
房 山 区	1	80	122	1648	8	500
通 州 区	3	5018	108	3567	9	716
顺 义 区	4	260	89	3579	91	5774
昌 平 区	12	427	51	1181	29	5960
大 兴 区	11	6409	71	6050	54	24395
怀 柔 区	0	0	243	108020	245	22140
平 谷 区	1	60	27	1263	3	30
密 云 县	4	500	84	4386	5	476
延 庆 县	4	320	96	2962	20	4330

2014 年各区县科普活动（三）

地区	科技活动周		大学、科研机构向社会开放		举办实用技术培训		重大科普活动次数/次
	科普专题活动次数/次	参加人次/人次	开放单位个数/个	参观人数/人次	举办次数/次	参加人数/人次	
北　京	3672	58411039	569	494183	18452	1013571	605
中央在京	251	56424267	438	251413	537	70037	142
市　属	253	1123303	84	33957	3265	82063	142
区县属	3168	863469	47	208813	14650	861471	321
东 城 区	560	268683	46	8188	326	28820	50
西 城 区	340	56228024	32	155350	3640	126540	114
朝 阳 区	523	182401	282	234955	671	45171	141
丰 台 区	343	222134	3	18994	168	9514	40
石景山区	176	66819	1	5000	96	8237	30
海 淀 区	280	1116123	169	54026	792	86727	115
门头沟区	168	29064	9	0	224	10064	13
房 山 区	104	12595	0	0	2689	61308	2
通 州 区	70	20807	3	1000	863	58069	15
顺 义 区	176	16173	0	0	224	21980	5
昌 平 区	144	32353	6	7200	828	47377	8
大 兴 区	172	58870	3	660	1208	69109	9
怀 柔 区	235	28809	0	0	661	75471	15
平 谷 区	116	28792	1	250	984	67467	27
密 云 县	125	27406	0	0	1621	142232	0
延 庆 县	140	71986	14	8560	3457	155485	21

附录 7 2013 年全国科普统计北京地区分类数据统计表

各项统计数据包括中央在京单位、市属单位和区县单位的数据。

4 个功能区的划分：首都功能核心区包括：东城区、西城区 2 个区；城市功能拓展区包括：朝阳区、丰台区、石景山区、海淀区 4 个区；城市发展新区包括：房山区、通州区、顺义区、昌平区、大兴区 5 个区；生态涵养发展区包括：门头沟区、平谷区、怀柔区、密云县、延庆县 5 个区县。

2013 年各区县科普人员（一）

单位：人

地区	科普专职人员	中级职称及以上或本科及以上学历人员	女性	农村科普人员	管理人员	科普创作人员
北　　京	7869	4959	3933	737	1793	1560
中央在京	2925	1998	1490	94	683	819
市　　属	1712	1270	989	53	380	539
区 县 属	3232	1691	145	590	730	202
东 城 区	508	430	332	2	119	136
西 城 区	1132	861	565	50	342	408
朝 阳 区	1837	1291	1027	64	315	430
丰 台 区	408	275	202	4	109	30
石景山区	200	187	115	0	30	4
海 淀 区	1384	931	748	42	393	317
门头沟区	145	64	46	34	34	10
房 山 区	734	140	242	167	86	11
通 州 区	164	110	78	57	44	5
顺 义 区	128	43	55	3	16	20
昌 平 区	307	149	103	24	74	107
大 兴 区	408	144	174	177	92	53
怀 柔 区	37	22	15	3	9	4
平 谷 区	116	48	37	57	37	6
密 云 县	157	107	87	18	44	0
延 庆 县	204	157	107	35	49	19

2013 年各区县科普人员（二）

单位：人

地区	科普兼职人员	中级职称及以上或本科及以上学历人员	女性	农村科普人员	年度实际投入工作量（人月）	注册科普志愿者
北　京	41056	25896	22124	4755	64269	50236
中央在京	9728	8386	5093	143	14577	3473
市　　属	5718	4563	3547	261	7139	13381
区 县 属	25610	12947	13484	4351	42553	33382
东 城 区	5797	4417	3635	1	6780	1124
西 城 区	4199	3248	2547	117	6202	3830
朝 阳 区	7112	5636	4441	377	13430	16050
丰 台 区	1803	1191	1162	133	3577	895
石景山区	1902	985	1401	3	1018	1001
海 淀 区	4048	3105	2104	258	5865	21933
门头沟区	495	320	207	121	1353	26
房 山 区	2785	765	759	559	7087	2049
通 州 区	1183	651	637	365	1437	753
顺 义 区	3102	1575	1301	393	3303	202
昌 平 区	1586	913	693	427	2429	325
大 兴 区	1743	553	674	489	3713	1912
怀 柔 区	1439	704	887	278	1332	3
平 谷 区	550	349	313	186	1033	46
密 云 县	1818	691	681	589	2597	0
延 庆 县	1494	793	682	459	3113	87

2013 年各区县科普场地（一）

地区	科技馆 /个	建筑面积 /平方米	展厅面积 /平方米	当年参观人数 /人次
北　京	22	184852	106563	4082159
中央在京	2	102700	62480	3031000
市　属	9	41163	21000	986450
区县属	11	40989	23083	64709
东城区	0	0	0	0
西城区	2	8500	5500	54500
朝阳区	3	115230	67980	3271303
丰台区	1	3713	700	2000
石景山区	1	9000	8000	15000
海淀区	3	7898	2500	520609
门头沟区	1	3800	700	3000
房山区	2	5390	4500	10000
通州区	1	3170	270	5000
顺义区	0	0	0	0
昌平区	2	2300	2080	8000
大兴区	4	16763	9000	180647
怀柔区	0	0	0	0
平谷区	0	0	0	0
密云县	1	6998	4013	2500
延庆县	1	2090	1320	9600

2013 年各区县科普场地（二）

地区	科学技术博物馆/个	建筑面积/平方米	展厅面积/平方米	当年参观人数/人次	青少年科技馆（站）/个
北　京	70	865719	314767	13992189	16
中央在京	22	364018	149893	3107329	1
市　　属	25	350620	93637	8827457	1
区 县 属	23	151081	71237	2057403	14
东 城 区	8	104254	33340	1574009	3
西 城 区	8	161693	46750	4329568	3
朝 阳 区	11	108940	50998	1862082	2
丰 台 区	5	202518	32435	2272651	4
石景山区	1	6300	4300	10000	0
海 淀 区	11	83695	38281	392550	1
门头沟区	1	600	300	5000	0
房 山 区	3	23601	9100	251322	0
通 州 区	3	21342	8880	38450	1
顺 义 区	0	0	0	0	0
昌 平 区	4	75407	48465	1359680	0
大 兴 区	3	23979	11300	799600	0
怀 柔 区	1	3600	3400	90000	1
平 谷 区	1	8100	2300	3506	1
密 云 县	3	9300	5200	108997	0
延 庆 县	7	32390	19718	894774	0

2013 年各区县科普场地（三）

地区	城市社区科普（技）专用活动室/个	农村科普（技）活动场地/个	科普宣传专用车/辆	科普画廊/个
北　　京	974	2128	108	4165
中央在京	8	0	1	41
市　　属	50	3	18	142
区 县 属	916	2125	89	3982
东 城 区	71	0	6	194
西 城 区	90	1	7	161
朝 阳 区	243	121	15	466
丰 台 区	62	14	1	716
石景山区	34	0	1	140
海 淀 区	100	38	7	125
门头沟区	15	21	3	109
房 山 区	32	103	17	137
通 州 区	45	302	2	214
顺 义 区	59	141	2	168
昌 平 区	80	155	3	267
大 兴 区	15	160	12	139
怀 柔 区	26	177	2	396
平 谷 区	56	218	26	633
密 云 县	13	296	3	102
延 庆 县	33	381	1	198

2013 年各区县科普经费（一）

单位：万元

地区	年度科普经费筹集额	政府拨款	科普专项经费	社会捐赠	自筹资金	其他收入
北　　京	21273122.00	154209.85	93187.58	2612.18	5123847.00	4677.71
中央在京	102934.48	69189.77	49110.32	2291.68	29241.76	2211.27
市　　属	61953.45	45407.25	17538.01	2.00	15081.86	1462.34
区 县 属	47843.29	39612.83	26539.25	318.50	6914.86	1004.10
东 城 区	16322.95	12089.94	2453.85	1103.00	2927.01	203.00
西 城 区	30920.17	19994.96	3607.46	160.00	965834.00	1106.87
朝 阳 区	83196.21	52624.63	37349.66	377.50	28544.72	1650.36
丰 台 区	11860.88	11189.50	10034.90	0.00	577.98	99.40
石景山区	1589.67	1339.80	485.70	10.00	84.97	154.90
海 淀 区	41771.87	36148.17	28100.48	85068.00	4263.49	509.53
门头沟区	1458.46	994.46	643.24	0.00	436.00	28.00
房 山 区	2606.01	2274.07	968.47	5.00	324.94	2.00
通 州 区	4183.59	3334.79	1404.29	10.00	648.50	190.30
顺 义 区	2948.13	1933.43	453.01	3.00	893.85	117.85
昌 平 区	2144.22	1660.56	871.89	0.00	25366.00	230.00
大 兴 区	3430.56	1919.04	835.87	2.00	1375.13	134.40
怀 柔 区	1152.13	645.80	400.80	86.00	235.33	185.00
平 谷 区	2547.96	2338.26	1220.60	0.00	207.70	2.00
密 云 县	1005.31	721.20	427.50	1.00	239.01	44.10
延 庆 县	5593.09	5001.24	3929.85	4.00	567.85	20.00

2013 年各区县科普经费（二）

单位：万元

地区	科技活动周经费筹集额	政府拨款	企业赞助	年度科普经费使用额	行政支出	科普活动支出
北　　京	2018.39	1602.66	151.03	186784.29	27146.13	106054.20
中央在京	376.99	196.72	106.13	85498.54	13812.52	53717.28
市　　属	854.36	801.96	19.00	6142210.00	8278.27	34562.47
区 县 属	787.05	603.99	25.90	39863.65	5055.34	17774.45
东 城 区	104.50	10295.00	0.05	16160.83	397.08	14513.63
西 城 区	137.13	124.69	0.00	30100.84	10485.19	9476.93
朝 阳 区	443.22	233.31	113.30	68602.12	9840.41	36451.90
丰 台 区	17.59	7.44	0.00	9042.16	236.44	1985.35
石景山区	24.10	18.40	0.50	1539.44	126.20	455.53
海 淀 区	830.21	795.01	22.78	37753.28	3188.25	31979.07
门头沟区	26.32	24.22	0.00	1217.69	445.37	494.29
房 山 区	2.00	2.00	0.00	3162.45	37.74	986.96
通 州 区	90.35	79.25	5.00	3671.35	322.82	1285.73
顺 义 区	50.45	32.80	3.40	2914.41	35.40	2171.41
昌 平 区	90.00	88.50	0.00	1905.14	445.50	1219.14
大 兴 区	29.20	27.20	2.00	4027.36	614.08	1150.63
怀 柔 区	42.60	16.60	0.00	1176.03	104.00	629.03
平 谷 区	47.92	16.30	0.00	2356.94	516.12	1166.22
密 云 县	51.82	9.00	1.00	981.93	34.20	835.29
延 庆 县	31.00	25.00	3.00	2172.33	317.33	1253.10

2013 年各区县科普经费（三）

单位：万元

地区	年度科普经费使用额				
	科普场馆基建支出	政府拨款支出	场馆建设支出	展品、设施支出	其他支出
北　　京	22587.45	11613.75	7144.51	7142.84	31001.51
中央在京	8578.10	7001.50	1058.00	1051.60	9390.64
市　　届	4904.36	1128.01	2681.97	1367.99	13677.00
区县属	9104.99	3484.24	3404.54	4723.25	7933.87
东 城 区	771.00	491.00	75.00	190.00	478.33
西 城 区	1661.00	280.00	1269.00	218.00	8477.72
朝 阳 区	8993.16	7206.50	954.40	1615.86	13315.64
丰 台 区	514.94	243.04	134.40	394.17	6311.43
石景山区	949.51	741.00	541.00	244.01	8.20
海 淀 区	1595.39	166.97	510.82	900.57	990.57
门头沟区	256.40	22.40	182.40	55.00	21.63
房 山 区	1972.96	1426.00	1498.79	304.64	164.79
通 州 区	1722.00	558.00	992.00	160.00	340.80
顺 义 区	661.00	0.00	216.00	445.00	46.60
昌 平 区	219.00	13200.00	65.00	149.00	21.50
大 兴 区	1668.84	144.84	188.01	1437.83	593.81
怀 柔 区	387.00	20200.00	112.00	220.00	56.00
平 谷 区	668.50	0.00	230.00	438.50	6.10
密 云 县	70.53	0.00	4.00	66.53	41.91
延 庆 县	475.42	0.00	171.69	303.73	126.48

2013年各区县科普传媒（一）

地区	科普图书		科普期刊		科普（技）音像制品		
	出版种数/种	年出版总册数/册	出版种数/种	年出版总册数/册	出版种数/种	光盘发行总量/张	录音、录像带发行总量/盒
北　　京	3749	51590376	67	43550424	66	728316	0
中央在京	2613	42540576	56	40101800	28	571450	0
市　　属	1136	9049800	10	3433624	30	154606	0
区 县 属	0	0	1	15000	8	2260	0
东 城 区	173	26780000	9	14589424	0	0	0
西 城 区	1548	11462800	6	3904000	19	645100	0
朝 阳 区	1368	6384000	21	19282200	28	59010	0
丰 台 区	151	735700	4	936000	0	0	0
石景山区	0	0	1	20000	5	0	0
海 淀 区	509	30329876	25	4803800	6	21000	0
门头沟区	0	0	1	15000	1	1500	0
房 山 区	0	0	0	0	0	300	0
通 州 区	0	0	0	0	0	0	0
顺 义 区	0	0	0	0	0	0	0
昌 平 区	0	0	0	0	4	1000	0
大 兴 区	0	0	0	0	1	6	0
怀 柔 区	0	0	0	0	0	0	0
平 谷 区	0	0	0	0	2	400	0
密 云 县	0	0	0	0	0	0	0
延 庆 县	0	0	0	0	0	0	0

2013 年各区县科普传媒（二）

地区	科技类报纸年发行总份数/份	电视台播出科普（技）节目时间/小时	电台播出科普（技）节目时间/小时	科普网站个数/个	发放科普读物和资料/份
北　　京	70523260	13941	27612	234	37038086
中央在京	70023260	9733	22184	102	9278890
市　　属	500000	3389	3903	47	6783356
区 县 属	0	819	1525	85	20975840
东 城 区	17940000	4	2	19	2830196
西 城 区	700000	324	10761	24	6036235
朝 阳 区	5012000	7972	4053	64	9280169
丰 台 区	0	0	0	6	1447230
石景山区	0	4	11263	5	629610
海 淀 区	51371260	4818	8	66	5634740
门头沟区	0	4	0	4	474164
房 山 区	0	20	50	8	1550830
通 州 区	0	3	3	2	962065
顺 义 区	0	146	215	0	1594305
昌 平 区	0	150	80	17	1879072
大 兴 区	0	0	0	6	882453
怀 柔 区	0	270	384	0	960230
平 谷 区	0	36	12	3	260390
密 云 县	0	46	61	7	1069122
延 庆 县	0	144	720	3	1547275

2013 年各区县科普活动（一）

地区	科普（技）讲座		科普（技）展览		科普（技）竞赛	
	举办次数 /次	参加人次 /人次	专题展览 次数/次	参观人次 /人次	举办次数 /次	参加人次 /人次
北　　京	50603	6542274	5942	33215228	3302	5118885
中央在京	4360	1573061	687	13485468	282	2528637
市　　属	9792	1566708	1310	17579166	1076	1402935
区 县 属	36451	3402505	3945	2150594	1944	1187313
东 城 区	5758	746181	231	6872493	360	2609172
西 城 区	6984	1018494	495	4270969	543	1424284
朝 阳 区	9788	1253208	1198	11751492	953	258060
丰 台 区	2262	375214	196	1807972	186	55853
石景山区	1036	128831	112	95770	103	49250
海 淀 区	5481	1154974	610	4925937	389	223115
门头沟区	1433	163736	68	17899	27	13311
房 山 区	1071	159549	204	795998	35	7155
通 州 区	1678	116730	96	70183	115	110735
顺 义 区	2220	143616	108	43867	69	139799
昌 平 区	1256	103806	132	1188675	74	10901
大 兴 区	746	178412	536	621422	51	10203
怀 柔 区	2271	183244	121	87450	40	27705
平 谷 区	174	197876	227	60406	25	6934
密 云 县	4789	354877	1407	90273	256	139735
延 庆 县	2087	263526	201	514422	76	32673

2013 年各区县科普活动（二）

地区	科普国际交流		成立青少年科技兴趣小组		科技夏(冬)令营	
	举办次数 /次	参加人数 /人次	兴趣小组数 /个	参加人数 /人次	举办次数 /次	参加人次 /人次
北　京	351	24563	5183	359439	740	115533
中央在京	124	11624	321	18092	137	27722
市　属	134	9095	453	7435	72	4221
区县属	93	3844	4409	333912	531	83590
东城区	14	2247	390	13541	76	6389
西城区	63	2868	2209	62176	105	7488
朝阳区	58	1217	926	32802	95	7241
丰台区	1	11	401	20888	70	18713
石景山区	9	193	179	11411	51	4440
海淀区	88	9091	433	31289	93	8369
门头沟区	6	70	27	677	20	3160
房山区	5	700	54	1832	16	1525
通州区	2	500	125	51235	6	275
顺义区	3	130	76	116376	65	8780
昌平区	28	6268	49	4937	22	6010
大兴区	66	393	18	2151	57	29231
怀柔区	0	0	80	3116	45	7950
平谷区	2	70	27	774	4	320
密云县	2	200	99	4512	5	1643
延庆县	4	605	90	1722	10	3999

2013 年各区县科普活动（三）

地区	科技活动周		大学、科研机构向社会开放		举办实用技术培训		重大科普活动次数/次
	科普专题活动次数/次	参加人次/人次	开放单位个数/个	参观人数/人次	举办次数/次	参加人数/人次	
北　　京	3803	2678769	352	266804	19113	1171002	4044
中央在京	157	187866	221	112142	1313	113488	124
市　　属	477	1253341	781	127411	3890	242186	193
区 县 属	3169	1237562	53	27251	13820	815328	3727
东 城 区	583	318799	43	82988	1097	105460	146
西 城 区	461	230465	5	16744	3521	117971	112
朝 阳 区	775	312322	116	23461	987	124924	207
丰 台 区	263	859316	3	9000	237	40517	3029
石景山区	115	33350	2	4000	97	11097	22
海 淀 区	235	214582	123	94882	1671	78108	143
门头沟区	211	25869	13	1000	449	31926	11
房 山 区	96	105251	7	4100	1534	75604	27
通 州 区	162	323118	3	2000	1153	45488	28
顺 义 区	210	37993	0	0	1014	62824	10
昌 平 区	90	63747	7	10400	639	39014	23
大 兴 区	118	49280	23	14499	1136	81192	31
怀 柔 区	96	18614	0	0	474	19677	197
平 谷 区	122	21755	1	300	907	58043	32
密 云 区	131	20887	0	0	1692	140489	0
延 庆 区	135	43421	6	3400	2505	138668	26

附录 8 2012 年全国科普统计北京地区分类数据统计表

各项统计数据包括中央在京单位、市属单位和区县单位的数据。

4 个功能区的划分：首都功能核心区包括：东城区、西城区 2 个区；城市功能拓展区包括：朝阳区、丰台区、石景山区、海淀区 4 个区；城市发展新区包括：房山区、通州区、顺义区、昌平区、大兴区 5 个区；生态涵养发展区包括：门头沟区、平谷区、怀柔区、密云县、延庆县 5 个区县。

2012年各区县科普人员（一）

单位：人

地区	科普专职人员	中级职称以上或大学本科以上学历人员	女性	农村科普人员	管理人员	科普创作人员
北　　京	6728	4581	3672	637	1556	1339
中央在京	2617	1794	1408	86	569	641
市　　属	1229	980	647	19	289	475
区 县 属	2882	1807	1617	532	698	223
东 城 区	565	464	370	7	111	139
西 城 区	652	561	347	6	191	157
朝 阳 区	1545	1181	859	70	427	355
丰 台 区	430	224	246	19	57	9
石景山区	316	269	193	0	35	3
海 淀 区	1628	1039	836	33	330	538
门头沟区	75	48	32	15	26	1
房 山 区	373	142	257	201	96	26
通 州 区	171	124	100	33	42	11
顺 义 区	98	55	42	3	18	10
昌 平 区	115	82	55	23	35	22
大 兴 区	246	94	125	92	48	54
怀 柔 区	44	25	20	1	16	3
平 谷 区	144	62	51	70	34	8
密 云 县	160	89	66	29	45	0
延 庆 县	166	122	73	35	45	3

2012 年各区县科普人员（二）

单位：人

地区	科普兼职人员	中级职称以上或大学本科以上学历人员	女性	农村科普人员	年度实际投入工作量（人月）	注册科普志愿者
北　　京	36172	22758	20302	4289	58422	33348
中央在京	9467	8379	4954	76	9523	1756
市　　属	2961	2350	1478	224	5561	5815
区 县 属	23744	12029	13870	3989	43338	25777
东 城 区	4991	3819	3134	17	7298	1032
西 城 区	2582	2012	1489	101	5244	3531
朝 阳 区	7495	5850	4151	510	8346	4305
丰 台 区	1770	994	1022	192	3045	4215
石景山区	1362	861	924	0	1798	1124
海 淀 区	4877	3484	2759	252	7055	12445
门头沟区	646	368	327	144	971	106
房 山 区	2074	858	959	630	8658	1958
通 州 区	1350	657	719	307	924	0
顺 义 区	797	449	449	0	1059	150
昌 平 区	1067	519	463	367	2841	2231
大 兴 区	1600	426	1121	242	1892	2084
怀 柔 区	1373	644	802	255	1932	0
平 谷 区	1059	578	418	587	3020	102
密 云 县	1931	624	1004	260	1646	0
延 庆 县	1198	615	561	425	2693	65

2012 年各区县科普场地（一）

地区	科技馆 /个	建筑面积 /平方米	展厅面积 /平方米	当年参观人数 /人次
北　　京	21	170509	98734	4214353
中央在京	4	104785	64045	2927000
市　　属	7	24171	11070	1068153
区 县 属	10	41553	23619	219200
东 城 区	1	3078	2300	23026
西 城 区	0	0	0	0
朝 阳 区	5	123657	71766	3173127
丰 台 区	2	4713	1200	101000
石景山区	1	9000	8000	12000
海 淀 区	4	9880	4870	823200
门头沟区	1	1600	1200	3000
房 山 区	0	0	0	0
通 州 区	2	5670	1500	20000
顺 义 区	0	0	0	0
昌 平 区	2	1800	1565	6000
大 兴 区	1	2763	1000	30000
怀 柔 区	0	0	0	0
平 谷 区	0	0	0	0
密 云 县	1	6998	4013	3000
延 庆 县	1	1350	1320	20000

2012 年各区县科普场地（二）

地区	科学技术博物馆	建筑面积/平方米	展厅面积/平方米	当年参观人数/人次	青少年科技馆/个
北　　京	60	819842	286100	12723971	14
中央在京	22	432375	140508	5633820	2
市　　属	19	258599	88247	4944560	1
区 县 属	19	128868	57345	2145591	11
东 城 区	7	105354	32740	1173756	2
西 城 区	10	176792	62200	3167415	3
朝 阳 区	11	192585	57078	1806888	3
丰 台 区	3	151568	17395	281194	2
石景山区	1	6300	4300	8966	0
海 淀 区	9	49504	30227	3975663	1
门头沟区	1	10120	4000	60000	0
房 山 区	3	15000	9460	190000	0
通 州 区	1	12000	5000	20000	0
顺 义 区	0	0	0	0	1
昌 平 区	4	62150	43000	795800	0
大 兴 区	1	11379	2400	300000	0
怀 柔 区	1	3600	3400	90000	1
平 谷 区	0	0	0	0	1
密 云 县	2	1800	1700	101170	0
延 庆 县	6	21690	13200	753119	0

2012 年各区县科普场地（三）

地区	城市社区科普（技）专用活动室/个	农村科普（技）活动场地/个	科普宣传专用车/辆	科普画廊/个
北　　京	1181	2033	91	3356
中央在京	24	3	6	62
市　　属	14	78	7	65
区 县 属	1143	1952	78	3229
东 城 区	74	0	4	174
西 城 区	140	0	7	128
朝 阳 区	254	116	18	356
丰 台 区	97	19	2	767
石景山区	21	0	1	141
海 淀 区	276	49	1	223
门头沟区	13	31	1	128
房 山 区	87	182	16	147
通 州 区	31	263	2	201
顺 义 区	17	80	0	32
昌 平 区	12	97	2	199
大 兴 区	48	226	8	78
怀 柔 区	25	164	2	25
平 谷 区	18	154	23	440
密 云 县	33	276	3	124
延 庆 县	35	376	1	193

2012 年各区县科普经费（一）

单位：万元

地区	年度科普经费筹集额	政府拨款	科普专项经费	捐赠	自筹资金	其他收入
北京地区	221402.16	132070.06	84035.00	1645.75	75663.42	12022.93
中央在京	112943.09	51204.83	37551.76	1458.25	53132.67	7147.34
市　　属	53450.67	38159.54	17786.16	121.60	11175.12	3994.41
区 县 属	55008.40	42705.69	28697.08	65.90	11355.63	881.18
东 城 区	21942.66	15780.26	5364.46	1251.95	3718.73	1191.72
西 城 区	35970.97	25836.55	13940.13	85.90	9082.45	966.07
朝 阳 区	52160.66	35796.96	22406.45	207.70	12414.04	3741.95
丰 台 区	21960.78	18121.83	17838.12	0.50	3677.20	161.25
石景山区	1010.26	910.82	186.40	0.00	84.24	15.20
海 淀 区	48432.97	24931.08	19099.32	70.00	18813.84	4618.05
门头沟区	1010.77	931.67	618.22	0.00	44.60	34.50
房 山 区	1905.28	1618.78	507.00	21.70	232.80	32.00
通 州 区	1820.86	1467.85	939.00	1.00	228.28	123.73
顺 义 区	780.51	270.90	198.20	0.00	81.21	428.40
昌 平 区	25373.58	1222.74	632.24	0.00	23885.35	265.50
大 兴 区	2548.68	1161.67	663.63	0.00	1350.00	37.01
怀 柔 区	1763.92	556.64	375.88	0.00	960.28	247.00
平 谷 区	1574.54	1338.70	183.00	0.00	162.39	73.45
密 云 县	1500.13	865.56	529.20	0.00	556.47	78.10
延 庆 县	1645.61	1258.06	553.76	7.00	371.55	9.00

2012 年各区县科普经费（二）

单位：万元

地区	科技活动周经费筹集额	政府拨款	企业赞助	年度科普经费使用额	行政支出	科普活动支出
北京地区	2440.75	2010.53	177.03	213225.76	37218.23	94579.12
中央在京	345.22	124.89	118.03	110046.97	21642.75	50713.10
市　　属	1164.58	1131.30	20.60	51578.33	8911.02	29426.91
区 县 属	930.95	754.34	38.40	51600.46	6664.46	14439.11
东 城 区	110.63	101.10	3.65	19870.85	1944.70	11989.53
西 城 区	965.76	937.71	26.00	34315.68	9414.23	18067.61
朝 阳 区	457.83	251.73	111.50	50925.98	11233.76	32492.28
丰 台 区	36.20	19.85	0.00	21924.84	654.47	2714.57
石景山区	26.39	20.69	0.00	1050.57	192.61	440.66
海 淀 区	314.26	266.88	14.98	44426.83	11463.11	20784.03
门头沟区	5.50	4.50	0.00	795.45	209.09	510.06
房 山 区	32.50	25.70	4.00	1732.05	138.90	520.73
通 州 区	175.21	175.21	0.00	1833.34	545.09	467.60
顺 义 区	16.90	11.50	2.90	491.51	83.30	361.05
昌 平 区	39.06	36.00	0.00	25386.90	437.60	1703.12
大 兴 区	49.80	40.80	9.00	4174.57	256.38	998.58
怀 柔 区	41.10	28.80	0.00	1702.62	261.50	610.44
平 谷 区	17.30	1.20	0.00	1574.54	28.80	912.14
密 云 县	105.85	55.80	5.00	1406.33	66.69	1008.91
延 庆 县	46.46	33.06	0.00	1613.71	288.00	997.81

2012 年各区县科普经费（三）

单位：万元

地区	年度科普经费使用额				
	科普场馆基建支出	政府拨款支出	场馆建设支出	展品、设施支出	其他支出
北京地区	51802.08	16095.83	34223.32	15609.11	29603.02
中央在京	23423.90	116.00	14249.00	8778.30	14267.22
市　　属	6809.66	2511.60	3600.17	2944.89	6430.74
区 县 属	21568.52	13468.23	16374.15	3885.92	8905.06
东 城 区	4055.97	3164.80	1647.37	1993.80	1880.65
西 城 区	780.90	30.00	490.00	213.60	6052.93
朝 阳 区	2549.35	368.60	846.70	1376.55	4647.29
丰 台 区	10470.50	10363.80	10190.98	199.94	8087.30
石景山区	409.60	136.40	22.50	36.50	7.70
海 淀 区	5497.77	920.40	3584.00	1827.07	6681.92
门头沟区	38.50	1.00	1.00	0.50	15.80
房 山 区	932.16	932.16	742.20	151.20	140.26
通 州 区	617.06	20.66	52.00	541.06	203.59
顺 义 区	8.10	0.00	0.00	8.10	39.05
昌 平 区	22030.30	2.00	14001.00	8008.00	1215.88
大 兴 区	2685.11	55.00	2209.47	409.64	234.50
怀 柔 区	813.00	15.00	316.00	497.00	17.68
平 谷 区	446.50	30.00	20.00	10.00	187.10
密 云 县	187.36	28.01	12.20	147.15	143.37
延 庆 县	279.90	28.00	87.90	189.00	48.00

2012 年各区县科普传媒（一）

地区	科普图书		科普期刊		科普（技）音像制品		
	出版种数 /种	年出版总册 数/册	出版种数 /种	年出版总册 数/册	出版种数 /种	光盘发行 总量/张	录音、录像 带发行总量 /盒
北京地区	2864	18882534	81	44517600	1681	4981687	760340
中央在京	2615	14059146	53	38380800	772	3192087	340
市　　属	249	4823388	19	5320800	882	1769000	760000
区 县 属	0	0	9	816000	27	20600	0
东 城 区	625	2482584	13	13933200	877	1750200	760000
西 城 区	164	4908588	15	5874800	12	8500	40
朝 阳 区	1134	4070900	23	16891400	430	1651340	0
丰 台 区	250	3000000	4	234800	5	15000	0
石景山区	0	0	1	20000	0	0	0
海 淀 区	691	4420462	20	7463400	333	1540047	300
门头沟区	0	0	1	12000	0	0	0
房 山 区	0	0	2	70000	1	300	0
通 州 区	0	0	0	0	20	8000	0
顺 义 区	0	0	0	0	0	0	0
昌 平 区	0	0	1	6000	0	0	0
大 兴 区	0	0	0	0	0	0	0
怀 柔 区	0	0	0	0	0	0	0
平 谷 区	0	0	1	12000	1	6000	0
密 云 县	0	0	0	0	0	0	0
延 庆 县	0	0	0	0	2	2300	0

2012 年各区县科普传媒（二）

地区	科技类报纸年发行总份数/份	电视台播出科普（技）节目时间/小时	电台播出科普（技）节目时间/小时	科普网站个数/个	发放科普读物和资料/份
北京地区	55710560	10467	11802	237	33912145
中央在京	55010560	7730	7405	111	8819461
市　　属	700000	1600	3120	40	5703020
区县属		1137	1277	86	19389664
东城区	20605300	5	2	20	5173951
西城区	1610000	54	7052	34	4912848
朝阳区	700000	2023	3418	63	8217522
丰台区	0	500	0	8	1068506
石景山区	0	4	45	1	668258
海淀区	32795260	7244	8	65	3663415
门头沟区	0	10	0	5	163019
房山区	0	2	2	12	1089837
通州区	0	7	0	2	1016520
顺义区	0	0	0	0	691600
昌平区	0	150	80	10	1448210
大兴区	0	210	12	2	1505160
怀柔区	0	149	454	0	1704860
平谷区	0	0	0	6	563845
密云县	0	35	121	6	881199
延庆县	0	74	608	3	1143395

2012 年各区县科普活动（一）

地区	科普（技）讲座		科普（技）展览		科普（技）竞赛	
	举办次数/次	参加人数/人次	专题展览次数/次	参观人数/人次	举办次数/次	参加人数/人次
北京地区	63047	10429237	5339	29044527	3750	60743257
中央在京	7356	2536184	635	7480082	339	58430766
市　　属	23405	4672342	1972	17522261	1361	1191402
区 县 属	32286	3220711	2732	4042184	2050	1121089
东 城 区	6989	936995	1370	6607417	452	5279018
西 城 区	21855	4202928	391	3613839	1198	54042822
朝 阳 区	11563	1955718	987	8237826	830	768878
丰 台 区	2273	336863	132	818435	198	50419
石景山区	983	181635	76	187361	69	42632
海 淀 区	3833	1207867	792	7082827	423	266282
门头沟区	653	78639	80	43371	28	8634
房 山 区	1467	184847	209	1441074	51	9756
通 州 区	1109	185864	134	70432	67	71366
顺 义 区	731	154005	332	188975	55	15320
昌 平 区	783	90131	157	223503	54	16467
大 兴 区	1075	86848	92	30720	58	3740
怀 柔 区	1619	140443	182	65185	38	25723
平 谷 区	936	74104	42	15698	18	5975
密 云 县	5826	394137	168	59209	140	62072
延 庆 县	1352	218213	195	358655	71	74153

2012 年各区县科普活动（二）

地区	科普国际交流		成立青少年科技兴趣小组		科技夏(冬)令营	
	举办次数/次	参加人数/人次	兴趣小组数/个	参加人数/人次	举办次数/次	参加人数/人次
北京地区	360	53040	3536	382935	1279	181761
中央在京	156	37304	530	215975	659	66206
市　　属	91	9490	480	5890	65	3514
区 县 属	113	6246	2526	161070	555	112041
东 城 区	50	3804	485	17697	86	26084
西 城 区	75	3903	724	59839	90	6958
朝 阳 区	70	2249	890	34066	118	18571
丰 台 区	4	30024	113	4229	443	34808
石景山区	1	30	195	4927	44	2760
海 淀 区	110	9661	617	226708	186	16919
门头沟区	1	30	23	1334	9	857
房 山 区	7	1255	58	2258	13	1945
通 州 区	0	0	57	1945	14	1300
顺 义 区	10	630	29	1165	58	6779
昌 平 区	15	610	48	12225	54	14720
大 兴 区	6	200	27	1487	81	30331
怀 柔 区	1	200	73	6165	35	8890
平 谷 区	3	30	37	925	5	323
密 云 县	2	200	116	6003	29	7569
延 庆 县	5	214	44	1962	14	2947

2012 年各区县科普活动（三）

地区	科技活动周		大学、科研机构向社会开放		举办实用技术培训		重大科普活动次数/次
	科普专题活动次数/次	参加人数/人次	开放单位数/个	参观人数/人次	举办次数/次	参加人数/人次	
北京地区	3287	3570104	345	115947	18278	1645635	773
中央在京	208	1821810	199	61743	1316	601732	150
市　　属	337	568127	72	37761	4122	238798	196
区 县 属	2742	1180167	74	16443	12840	805105	427
东 城 区	611	485839	40	2963	1323	493853	94
西 城 区	372	1889250	38	24456	3593	111497	75
朝 阳 区	855	457965	99	32870	2095	316581	244
丰 台 区	219	104840	3	660	122	10027	26
石景山区	105	39430	4	600	171	20475	19
海 淀 区	283	203173	104	44168	1469	76677	110
门头沟区	114	21316	0	0	385	21815	12
房 山 区	150	42290	50	5300	1649	67661	26
通 州 区	59	62315	0	0	1716	63516	46
顺 义 区	60	33738	0	0	310	16723	9
昌 平 区	75	68287	2	1000	449	37062	18
大 兴 区	55	20513	2	1130	696	78862	45
怀 柔 区	48	10469	0	0	715	27345	3
平 谷 区	52	25845	0	0	1087	76176	11
密 云 县	145	54012	2	800	752	96804	20
延 庆 县	84	50822	1	2000	1746	130561	15

附录9 2011年全国科普统计北京地区
分类数据统计表

  各项统计数据包括中央在京单位、市属单位和区县单位的数据。

  4个功能区的划分：首都功能核心区包括：东城区、西城区2个区；城市功能拓展区包括：朝阳区、丰台区、石景山区、海淀区4个区；城市发展新区包括：房山区、通州区、顺义区、昌平区、大兴区5个区；生态涵养发展区包括：门头沟区、平谷区、怀柔区、密云县、延庆县5个区县。

2011 年各区县科普人员（一）

单位：人

地区	科普专职人员	中级职称以上或大学本科以上学历人员	女性	农村科普人员	管理人员	科普创作人员
北　　京	6147	4193	3168	521	1330	1090
中央在京	2472	1666	1241	81	515	460
市　　属	1402	955	732	99	262	489
区 县 属	2273	1572	1195	341	553	141
东 城 区	417	318	279	0	81	169
西 城 区	676	557	351	1	161	112
朝 阳 区	1682	1196	848	133	386	362
丰 台 区	395	261	215	9	65	26
石景山区	433	342	210	0	30	0
海 淀 区	1385	800	683	51	314	350
门头沟区	85	54	33	7	32	5
房 山 区	45	33	28	0	17	8
通 州 区	111	72	64	30	35	0
顺 义 区	142	80	62	28	14	0
昌 平 区	124	71	63	21	29	23
大 兴 区	227	1Ⅱ	123	136	68	22
怀 柔 区	24	17	14	2	11	2
平 谷 区	85	50	36	29	14	6
密 云 县	124	98	62	10	30	0
延 庆 县	192	133	97	64	43	5

2011 年各区县科普人员（二）

单位：人

地区	科普兼职人员	中级职称以上或大学本科以上学历人员	女性	农村科普人员	年度实际投入工作量（人月）	注册科普志愿者
北　　京	32196	20707	17252	4279	48630	6702
中央在京	6636	5917	2905	74	6327	863
市　　属	5741	4120	3094	171	6548	994
区 县 属	19819	10670	11253	4034	35755	4845
东 城 区	3077	1757	1289	25	3452	516
西 城 区	3384	2496	1841	12	4191	2363
朝 阳 区	7251	5861	3969	519	7393	2487
丰 台 区	1125	706	747	112	1638	153
石景山区	1136	640	798	0	1540	323
海 淀 区	4666	3701	2728	141	9330	50
门头沟区	519	302	244	162	1021	281
房 山 区	657	259	253	286	2600	123
通 州 区	826	371	457	385	1492	0
顺 义 区	1136	668	567	312	1891	74
昌 平 区	1371	677	668	420	3515	60
大 兴 区	2873	1202	1662	270	2791	159
怀 柔 区	1361	658	764	249	931	20
平 谷 区	792	395	319	519	2605	14
密 云 县	806	463	333	322	1438	16
延 庆 县	1216	551	613	545	2802	63

2011 年各区县科普场地（一）

地区	科学技术博物馆（个）	建筑面积/平方米	展厅面积/平方米	当年参观人数/人次
北　京	19	167299	82638	4145742
中央在京	2	104000	49138	3210000
市　　属	8	27331	16280	777742
区县属	9	35968	17220	158000
东城区	0	0	0	0
西城区	2	4000	2638	15000
朝阳区	6	123768	61680	3928942
丰台区	2	4700	1000	101000
石景山区	1	9000	8000	12000
海淀区	1	4800	2500	10000
门头沟区	1	3800	700	3000
房山区	0	0	0	0
通州区	2	5670	1500	32000
顺义区	1	800	100	3800
昌平区	0	0	0	0
大兴区	1	2763	1000	40000
怀柔区	0	0	0	0
平谷区	0	0	0	0
密云县	1	6998	3000	0
延庆县	1	1000	520	0

2011 年各区县科普场地（二）

地区	科学技术博物馆(个)	建筑面积/平方米	展厅面积/平方米	当年参观人数/人次	青少年科技馆站/个
北　　京	55	642507	231753	5858271	17
中央在京	19	332882	121706	1520949	3
市　　属	19	196189	62233	3402159	0
区 县 属	17	113436	47814	935163	14
东 城 区	8	100373	27586	856625	0
西 城 区	9	144528	46366	978184	3
朝 阳 区	8	171685	48548	1794664	2
丰 台 区	4	65278	17354	151700	5
石景山区	1	4200	3400	9400	1
海 淀 区	7	29704	16139	110413	2
门头沟区	1	10120	2400	65000	1
房 山 区	3	7500	3780	153000	0
通 州 区	1	11000	5000	15000	0
顺 义 区	0	0	0	0	0
昌 平 区	3	59150	42500	741800	0
大 兴 区	2	15979	4400	346420	1
怀 柔 区	0	0	0	0	1
平 谷 区	0	0	0	0	0
密 云 县	2	1300	1080	8320	1
延 庆 县	6	21690	13200	627745	0

2011 年各区县科普场地（三）

地区	城市社区科普（技）专用活动室/个	农村科普（技）活动场地/个	科普宣传专用车/辆	科普画廊/个
北　　京	1148	1964	102	4273
中央在京	9	1	4	33
市　　属	37	16	8	892
区 县 属	1102	1947	90	3348
东 城 区	115	0	6	197
西 城 区	280	0	5	548
朝 阳 区	196	94	9	754
丰 台 区	112	39	4	318
石景山区	22	0	0	85
海 淀 区	150	40	2	275
门头沟区	10	85	3	88
房 山 区	27	77	2	65
通 州 区	29	199	2	129
顺 义 区	28	194	0	126
昌 平 区	57	109	30	157
大 兴 区	32	123	5	104
怀 柔 区	24	117	2	51
平 谷 区	18	202	23	680
密 云 县	9	281	9	443
延 庆 县	39	404	0	253

2011 年各区县科普经费（一）

单位：万元

地区	年度科普经费筹集额	政府拨款	科普专项经费	捐赠	自筹资金	其他收入
北京地区	202819.36	116439.25	69336.80	1898.22	69216.97	15264.93
中央在京	114696.06	49433.75	31462.53	1788.70	50821.77	12651.84
市 属	46482.66	31055.11	12652.93	28.01	13294.93	2104.61
区 县 属	41640.64	35950.39	25221.34	81.51	5100.27	508.48
东 城 区	11325.08	6726.76	2369.67	1030.00	3035.32	533.00
西 城 区	40996.47	31273.94	11110.23	74.50	8382.09	1265.94
朝 阳 区	51281.54	31951.16	19577.10	703.90	17514.87	1111.61
丰 台 区	21972.16	18600.74	17904.49	0.00	3268.32	103.10
石景…区	763.65	642.70	210.10	0.00	59.45	61.50
海 淀 区	41822.46	19356.64	14061.24	57.01	10937.02	11471.80
门头沟区	1224.21	942.00	598.51	10.00	242.61	29.60
房 山 区	257.30	212.80	53.80	8.00	33.50	3.00
通 州 区	1076.30	745.10	288.40	0.00	33120.00	0.00
顺 义 区	724.27	324.00	273.00	0.00	389.55	10.72
昌 平 区	25067.43	733.51	425.11	0.00	23941.62	392.30
大 兴 区	1825.44	1548.44	971.95	0.00	215.00	62.00
怀 柔 区	852.09	663.53	530.60	11.00	127.60	49.96
平 谷 区	844.83	742.48	95.00	3.81	97.54	1.00
密 云 县	1337.55	1099.34	328.00	0.00	179.61	58.60
延 庆 县	1448.58	876.10	539.60	0.00	461.68	110.80

2011 年各区县科普经费（二）

单位：万元

地区	科技活动周经费筹集额	政府拨款	企业赞助	年度科普经费使用额	行政支出	科普活动支出
北京地区	1113.07	973.73	22.83	190188.46	22996.75	80179.44
中央在京	185.44	115.15	7.83	108944.96	14148.94	44443.19
市　　属	553.50	550.80	2.50	43769.53	4621.96	23503.96
区 县 属	374.13	307.78	12.50	37473.98	4225.85	12232.29
东 城 区	23.80	23.75	0.05	10646.13	121.30	8588.33
西 城 区	354.26	316.00	0.00	37706.51	5885.77	15097.54
朝 阳 区	536.53	489.68	11.50	48259.54	10767.46	32405.30
丰 台 区	24.94	15.94	4.00	21749.95	279.23	1377.39
石景山区	10.06	6.36	0.50	755.52	67.05	444.57
海 淀 区	56.68	36.40	5.78	36531.73	3345.20	15543.07
门头沟区	0.00	0.00	0.00	1176.01	201.01	675.40
房 山 区	0.00	0.00	0.00	273.90	33.80	164.40
通 州 区	0.00	0.00	0.00	1059.30	405.10	474.20
顺 义 区	3.00	3.00	0.00	765.77	25.00	410.96
昌 平 区	3.60	2.60	0.00	25194.16	427.56	1539.60
大 兴 区	16.50	16.00	0.00	1600.50	940.33	421.67
怀 柔 区	59.90	57.70	0.00	841.59	50.50	623.69
平 谷 区	15.00	3.00	0.00	844.83	23.23	732.50
密 云 县	0.00	0.00	0.00	1336.95	179.80	1004.05
延 庆 县	8.80	3.30	1.00	1446.08	244.40	676.78

2011 年各区县科普经费（三）

单位：万元

地区	科普场馆基建支出				其他支出
		政府拨款支出	场馆建设支出	展品、设施支出	
北京地区	44807.46	19039.49	26504.17	17490.73	42197.51
中央在京	22646.90	77.60	14178.60	8158.00	27705.93
市　　属	8349.33	7570.31	5611.78	2705.97	7294.28
区县属	13811.23	11391.58	6713.79	6626.76	7197.31
东城区	159.00	27.00	65.00	78.00	1777.50
西城区	7880.79	7649.31	5227.81	2506.98	8842.40
朝阳区	683.46	102.33	153.53	333.20	4403.32
丰台区	11068.70	10928.55	5624.45	5425.60	9024.63
石景山区	236.90	1.80	0.00	236.90	7.00
海淀区	1193.42	160.50	472.37	416.37	16442.74
门头沟区	226.19	40.00	138.21	47.98	73.41
房山区	11.00	5.00	6.00	5.00	64.70
通州区	166.00	10.00	126.00	30.00	14.00
顺义区	300.00	0.00	220.00	80.00	29.81
昌平区	22146.00	20.00	14089.80	8036.20	1081.00
大兴区	135.00	75.00	30.00	80.00	103.50
怀柔区	35.50	0.00	12.00	8.00	131.90
平谷区	13.00	0.00	9.00	4.00	76.10
密云县	129.50	20.00	20.00	89.50	23.60
延庆县	423.00	0.00	310.00	113.00	101.90

2011 年各区县科普传媒 （一）

地区	科普图书		科普期刊		科普（技）音像制品		
	出版种数/种	年出版总册数/册	出版种数/种	年出版总册数/册	出版种数/种	光盘发行总量/张	录音、录像带发行总量/盒
北京地区	2830	13080914	80	30417370	830	3570649	1220
中央在京	2591	10981914	50	26096470	811	3431401	1220
市　　属	239	2099000	26	4216400	11	55000	0
区 县 属	0	0	4	104500	8	84248	0
东 城 区	195	1312670	11	642070	1	1	0
西 城 区	210	1901000	16	4087100	14	17000	1100
朝 阳 区	1285	5001100	29	18758900	467	1734030	120
丰 台 区	265	1594000	2	218800	0	0	0
石景山区	0	0	1	6000	0	0	0
海 淀 区	871	3227144	15	6530000	339	1682400	0
门头沟区	0	0	2	4500	1	0	0
房 山 区	2	5000	1	20000	1	55300	0
通 州 区	0	0	0	0	1	30000	0
顺 义 区	0	0	0	0	1	100	0
昌 平 区	2	40000	3	150000	3	51000	0
大 兴 区	0	0	0	0	0	0	0
怀 柔 区	0	0	0	0	2	500	0
平 谷 区	0	0	0	0	0	0	0
密 云 县	0	0	0	0	0	0	0
延 庆 县	0	0	0	0	0	318	0

2011 年各区县科普传媒（二）

地区	科技类报纸年发行总份数/份	电视台播出科普（技）节目时间/小时	电台播出科普（技）节目时间/小时	科普网站个数/个	发放科普读物和资料/份
北京地区	50589260	6684	11996	202	38161904
中央在京	49919260	3733	7312	111	10891146
市　　属	670000	1934	3961	45	10154662
区 县 属		1017	723	46	17116096
东 城 区	1434000	795	8	20	2788240
西 城 区	110000	229	7080	27	7299944
朝 阳 区	15870000	2512	4136	76	10980294
丰 台 区	0	28	0	10	820153
石景山区	0	11	47	3	911529
海 淀 区	33175260	2466	6	40	4721824
门头沟区	0	68	0	5	261292
房 山 区	0	1	0	3	218400
通 州 区	0	6	0	6	1271699
顺 义 区	0	0	0	0	953397
昌 平 区	0	140	82	4	1788484
大 兴 区	0	27	37	3	2182605
怀 柔 区	0	253	504	0	1542005
平 谷 区	0	33	0	1	451300
密 云 县	0	0	0	3	542531
延 庆 县	0	115	96	1	1428207

2011 年各区县科普活动（一）

地区	科普（技）讲座		科普（技）展览		科普（技）竞赛	
	举办次数/次	参加人数/人次	专题展览次数/次	参观人数/人次	举办次数/次	参加人数/人次
北京地区	51769	11042766	2937	22438513	3311	83127245
中央在京	13081	5699694	395	3251747	270	80838497
市　　属	10198	2087124	671	17765742	1402	1343110
区 县 属	28490	3255948	1871	1421024	1639	945638
东 城 区	5354	1198050	231	2243162	181	635595
西 城 区	6205	1018085	353	9188520	805	77731802
朝 阳 区	18251	1937674	690	4757267	1041	4025208
丰 台 区	1847	148173	115	649620	152	62655
石景山区	629	268614	85	128824	106	68523
海 淀 区	3754	4287645	411	4672902	527	233360
门头沟区	1390	105137	73	33746	47	15172
房 山 区	248	63137	56	82488	15	2295
通 州 区	1172	248810	42	39317	55	32019
顺 义 区	2007	152766	53	50615	39	72594
昌 平 区	1659	216775	148	192394	31	53660
大 兴 区	972	76721	242	93710	44	12433
怀 柔 区	1645	156338	160	64300	93	43227
平 谷 区	445	83878	39	16451	35	16028
密 云 县	5277	959097	134	43270	91	108802
延 庆 县	914	121866	105	181927	49	13872

2011 年各区县科普活动（二）

地区	科普国际交流		成立青少年科技兴趣小组		科技夏(冬)令营	
	举办次数/次	参加人数/人次	兴趣小组数/个	参加人数/人次	举办次数/次	参加人数/人次
北京地区	318	35594	2398	165777	695	97192
中央在京	159	14251	182	6511	139	33209
市　　属	91	18039	59	2864	168	13561
区县属	68	3304	2157	156402	388	50422
东城区	28	2242	42	1764	54	12105
西城区	69	14094	508	75349	206	16594
朝阳区	50	3072	720	29628	87	8886
丰台区	8	245	206	22536	55	5112
石景山区	6	200	140	6188	11	2076
海淀区	97	6810	342	11852	88	11356
门头沟区	2	20	17	749	39	7310
房山区	2	120	17	410	5	400
通州区	21	1880	22	1443	2	400
顺义区	4	626	30	850	54	6054
昌平区	13	5370	28	2602	46	13807
大兴区	12	315	31	2942	3	360
怀柔区	6	600	68	2448	34	8880
平谷区	0	0	36	1364	3	612
密云县	0	0	70	3004	0	0
延庆县	0	0	121	2648	8	3240

2011 年各区县科普活动（三）

地区	科技活动周		大学、科研机构向社会开放		举办实用技术培训		重大科普活动次数/次
	科普专题活动次数/次	参加人数/人次	开放单位数/个	参观人数/人次	举办次数/次	参加人数/人次	
北京地区	3871	5894138	262	93899	26169	4037703	551
中央在京	222	358396	140	64537	4657	2489618	143
市　　属	2557	5258935	92	25724	3204	274658	103
区 县 属	1092	276807	30	3638	18308	1273427	305
东 城 区	103	52227	42	3873	443	107754	36
西 城 区	506	437514	17	1880	2991	185038	104
朝 阳 区	2769	5248294	45	34612	5463	2532772	117
丰 台 区	167	38718	2	612	360	16878	117
石景山区	47	15264	4	600	47	4250	13
海 淀 区	61	28699	80	46024	3672	335462	75
门头沟区	5	200	8	328	395	25240	3
房 山 区	0	0	50	1500	146	13881	1
通 州 区	4	5000	0	0	1889	86912	1
顺 义 区	4	3060	0	0	703	55206	13
朝 阳 区	59	6933	10	1000	810	44898	25
大 兴 区	27	19511	3	1470	892	125320	11
怀 柔 区	1	500	0	0	739	25369	13
平 谷 区	67	28695	0	0	3699	209186	9
密 云 县	51	9523	0	0	2127	131553	9
延 庆 县	0	fl	1	2000	1793	137984	4

附录 10 2010 年全国科普统计北京地区分类数据统计表

各项统计数据包括中央在京单位、市属单位和区县单位的数据。

4 个功能区的划分：首都功能核心区包括：东城区、西城区 2 个区；城市功能拓展区包括：朝阳区、丰台区、石景山区、海淀区 4 个区；城市发展新区包括：房山区、通州区、顺义区、昌平区、大兴区 5 个区；生态涵养发展区包括：门头沟区、平谷区、怀柔区、密云县、延庆县 5 个区县。

2010 年各区县科普人员（一）

单位：人

地区	科普专职人员	中级职称以上或大学本科以上学历人员	女性	农村科普人员	管理人员	科普创作人员
北　京	6762	4618	3331	646	1724	1514
中央在京	3137	2118	1485	113	754	932
市　属	1446	1094	799	34	330	482
区县属	2179	1406	1047	499	640	100
东城区	524	427	285	5	119	207
西城区	761	604	406	13	161	76
朝阳区	1179	848	612	112	312	371
丰台区	156	122	83	2	61	10
石景山区	160	150	92	0	9	0
海淀区	2557	1601	1249	80	673	779
门头沟区	98	62	33	6	43	1
房山区	94	61	46	5	44	1
通州区	47	37	17	4	26	3
顺义区	173	109	85	23	6	1
昌平区	170	118	79	42	47	28
大兴区	267	129	91	124	67	25
怀柔区	41	33	21	2	16	3
平谷区	95	41	41	25	43	1
密运县	293	178	122	168	53	0
延庆县	147	98	69	35	44	8

2010 年各区县科普人员（二）

单位：人

地区	科普兼职人员	中级职称以上或大学本科以上学历人员	女性	农村科普人员	年度实际投入工作量（人月）	注册科普志愿者
北 京	37817	22193	19450	5196	57160	7414
中央在京	6494	5479	1733	144	5706	770
市 属	8047	4612	4398	180	11071	128
区 县 属	23276	12102	13319	4872	40383	6516
东 城 区	5540	2474	3077	78	8940	3284
西 城 区	3174	2406	1845	63	2921	67
朝 阳 区	5450	3604	3104	321	9440	2567
丰 台 区	1207	744	765	139	1445	28
石景山区	1245	696	880	0	1887	3
海 淀 区	6566	5601	2395	269	7709	624
门头沟区	419	207	190	152	1056	0
房 山 区	1018	402	401	477	3114	146
通 州 区	1462	817	863	381	2135	0
顺 义 区	2790	1371	1718	369	3039	0
昌 平 区	2140	915	1036	634	3266	70
大 兴 区	2536	871	1257	487	4248	260
怀 柔 区	1270	598	712	276	706	0
平 谷 区	987	519	377	688	2888	65
密 云 县	843	447	344	330	1750	0
延 庆 县	1170	521	486	532	2616	300

2010 年各区县科普场地（一）

地区	科技馆/个	建筑面积/平方米	展厅面积/平方米	当年参观人数/人次
北　　京	12	153431	63882	1953838
中央在京	1	102000	40000	1420000
市　　属	4	18041	9032	486538
区 县 属	7	33390	14850	47300
东 城 区	0	0	0	0
西 城 区	0	0	0	0
朝 阳 区	4	18041	9032	486538
丰 台 区	1	3700	500	2000
石景山区	1	9000	8000	10500
海 淀 区	2	106800	42500	1440000
门头沟区	1	3800	700	3000
房 山 区	0	0	0	0
通 州 区	1	3170	300	2500
顺 义 区	0	0	0	0
昌 平 区	0	0	0	0
大 兴 区	2	8920	2850	9300
怀 柔 区	0	0	0	0
平 谷 区	0	0	0	0
密 云 县	0	0	0	0
延 庆 县	0	0	0	0

2010 年各区县科普场地（二）

地区	科学技术博物馆	建筑面积/平方米	展厅面积/平方米	当年参观人数/人次	青少年科技馆站/个
北　　京	53	536841	228763	6392020	17
中央在京	18	239699	99665	1233420	3
市　　属	22	207133	92360	4526316	2
区 县 属	13	90009	36738	632284	12
东 城 区	9	84078	30558	877547	3
西 城 区	8	89364	51166	2880353	3
朝 阳 区	9	178785	50548	1058316	2
丰 台 区	2	59068	15364	16000	3
石景山区	1	4200	3400	13028	1
海 淀 区	7	24400	11723	144930	2
门头沟区	1	10120	2400	45000	0
房 山 区	2	4900	3824	50000	0
通 州 区	0	0	0	0	0
顺 义 区	0	0	0	0	1
昌 平 区	4	56500	41500	717600	1
大 兴 区	3	8536	6400	29012	0
怀 柔 区	0	0	0	0	1
平 谷 区	0	0	0	0	0
密 云 县	2	1300	1080	11098	0
延 庆 县	5	15590	10800	549136	0

2010 年各区县科普场地（三）

地区	城市社区科普（技）专用活动室/个	农村科普（技）活动场地/个	科普宣传专用车/辆	科普画廊/个
北　　　京	1188	2440	148	3898
中央在京	13	26	5	124
市　　　属	2	0	16	395
区 县 属	1173	2414	127	3379
东 城 区	119	0	10	379
西 城 区	71	0	6	130
朝 阳 区	482	321	26	767
丰 台 区	55	18	3	159
石景山区	37	0	2	106
海 淀 区	210	74	7	596
门头沟区	4	71	3	81
房 山 区	31	205	18	174
通 州 区	15	173	6	70
顺 义 区	21	146	1	175
昌 平 区	10	114	4	132
大 兴 区	49	162	31	98
怀 柔 区	20	63	3	80
平 谷 区	31	434	27	690
密 云 县	10	287	1	82
延 庆 县	23	372	0	179

2010 年各区县科普经费（一）

单位：万元

地区	年度科普经费筹集额	政府拨款	科普专项经费	捐赠	自筹资金	其他收入
北京地区	204159.94	112054.31	71450.68	6915.53	67275.97	17914.14
中央在京	123699.99	53302.23	34585.01	6776.00	51135.75	12466.01
市　　属	49662.84	35145.47	20222.96	49.23	10828.13	3660.01
区 县 属	30797.11	23606.61	16642.71	90.30	5312.09	1788.12
东 城 区	20448.30	15507.31	8091.36	1562.00	2681.60	697.24
西 城 区	38783.88	14993.09	3763.94	4629.23	16673.88	2487.68
朝 阳 区	29134.74	17356.20	15745.20	698.00	9153.54	1927.00
丰 台 区	7512.22	7067.17	6787.96	0.50	392.25	52.30
石景山区	869.39	683.83	214.90	0.00	170.47	15.10
海 淀 区	69915.02	45922.24	31314.04	20.00	12399.05	11573.73
门头沟区	831.60	771.90	410.40	0.00	52.60	7.10
房 山 区	981.45	820.00	518.00	0.00	154.45	7.00
通 州 区	544.47	418.07	77.00	1.00	125.40	0.00
顺 义 区	1420.53	904.03	847.93	0.00	499.70	16.80
昌 平 区	25757.60	1526.40	1051.10	0.00	23877.70	353.50
大 兴 区	1986.88	1770.85	641.13	0.00	149.66	66.37
怀 柔 区	987.62	668.26	544.60	1.00	113.24	205.12
平 谷 区	2291.21	1988.80	343.70	3.80	287.61	11.00
密 云 县	1095.94	679.64	395.50	0.00	210.10	206.20
延 庆 县	1599.09	976.52	703.92	0.00	334.57	288.00

2010 年各区县科普经费（二）

单位：万元

地区	科技活动周经费筹集额	政府拨款	企业赞助	年度科普经费使用额	行政支出	科普活动支出
北京地区	1333.96	1165.36	66.50	181663.74	20153.62	86979.91
中央在京	176.50	119.50	33.90	110933.74	10994.29	51677.39
市　　属	752.55	741.95	4.60	41642.98	4924.42	22439.45
区 县 属	404.91	303.91	28.00	29087.01	4234.91	12863.07
东 城 区	322.60	315.00	0.00	19888.90	578.88	17285.56
西 城 区	229.10	221.10	4.00	36645.46	5301.66	23120.92
朝 阳 区	454.90	371.40	46.00	19505.06	2335.93	11142.41
丰 台 区	59.75	40.15	0.60	7575.45	181.78	904.47
石景山区	14.60	8.20	0.00	834.98	193.08	576.72
海 淀 区	98.15	74.05	9.90	60504.13	9246.93	26585.85
门头沟区	0.00	0.00	0.00	787.60	176.20	592.20
房 山 区	11.00	6.00	5.00	1029.05	152.00	431.05
通 州 区	5.96	5.96	0.00	536.47	194.87	262.10
顺 义 区	0.00	0.00	0.00	833.08	63.67	754.22
昌 平 区	11.50	10.50	0.00	25697.30	627.40	1714.00
大 兴 区	17.30	16.50	0.50	1971.29	323.46	437.48
怀 柔 区	55.10	53.50	0.50	1025.62	189.00	634.90
平 谷 区	12.50	4.00	0.00	2291.21	50.10	1029.51
密 云 县	19.00	19.00	0.00	1180.04	228.00	935.04
延 庆 县	22.50	20.00	0.00	1358.09	310.66	573.48

2010 年各区县科普经费（三）

单位：万元

地区	年度科普经费使用额				
	科普场馆基建支出	政府拨款支出	场馆建设支出	展品、设施支出	其他支出
北京地区	48119.98	19737.05	30351.26	15913.23	26410.23
中央在京	32146.93	9196.30	23294.20	8529.73	16115.14
市　　属	6300.25	2407.05	3452.00	2599.75	7978.86
区 县 属	9672.80	8133.70	3605.06	4783.75	2316.23
东 城 区	804.96	751.46	355.46	348.50	1219.50
西 城 区	3454.20	1520.40	2456.30	853.40	4768.68
朝 阳 区	2540.60	66.00	1099.00	1400.60	3486.12
丰 台 区	6453.60	6287.70	2024.10	3246.21	35.60
石景山区	32.00	0.00	0.00	336.00	33.18
海 淀 区	10603.03	9419.40	9816.00	445.33	14068.33
门头沟区	12.30	0.00	3.00	9.30	6.90
房 山 区	100.00	50.00	40.00	10.00	346.00
通 州 区	16.50	0.00	6.00	4.50	63.00
顺 义 区	0.00	0.00	0.00	0.00	15.19
昌 平 区	22344.60	274.00	14239.60	8076.00	1011.30
大 兴 区	1161.55	996.05	67.40	1063.15	48.80
怀 柔 区	164.50	77.00	126.00	37.50	37.22
平 谷 区	21.00	0.00	0.00	21.00	1190.60
密 云 县	0.00	0.00	0.00	0.00	17.00
延 庆 县	411.14	295.04	118.40	61.74	62.81

2010 年各区县科普传媒 （一）

地区	科普图书		科普期刊		科普（技）音像制品		
	出版种数/种	年出版总册数/册	出版种数/种	年出版总册数/册	出版种数/种	光盘发行总量/张	录音、录像带发行总量/盒
北京地区	2044	14456424	84	35267201	560	1087439	5120
中央在京	1860	11852424	50	23760901	533	907289	120
市　　属	184	2604000	32	11486300	16	171000	0
区县属	0	0	2	20000	11	9150	5000
东城区	145	2050024	14	3459098	13	8241	0
西城区	107	1907800	6	589000	5	121500	0
朝阳区	928	5245400	41	18618203	383	278798	5120
丰台区	0	0	1	108000	0	0	0
石景山区	0	0	0	0	0	0	0
海淀区	862	5213200	17	12322900	155	625750	0
门头沟区	0	0	0	0	0	150	0
房山区	0	0	0	0	0	0	0
通州区	0	0	0	0	0	0	0
顺义区	0	0	0	0	0	0	0
昌平区	2	40000	3	150000	3	51000	0
大兴区	0	0	0	0	0	0	0
怀柔区	0	0	0	0	0	0	0
平谷区	0	0	0	0	0	0	0
密云县	0	0	0	0	1	2000	0
延庆县	0	0	2	20000	0	0	0

2010 年各区县科普传媒（二）

地区	科技类报纸年发行总份数/份	电视台播出科普(技)节目时间/小时	电台播出科普(技)节目时间/小时	科普网站个数/个	发放科普读物和资料/份
北京地区	77266100	13825	6124	185	39825436
中央在京	76466100	11403	1937	123	10542799
市　　属	800000	1600	3867	20	11379374
区县属		822	320	42	17903263
东城区	23694400	0	14	9	5434041
西城区	0	274	260	26	8903099
朝阳区	16000000	1813	3890	56	7237647
丰台区	0	500	0	6	333990
石景山区	0	56	45	2	2442733
海淀区	37571700	10919	1599	69	4315096
门头沟区	0	0	0	1	368750
房山区	0	0	0	2	545946
通州区	0	0	0	1	1051040
顺义区	0	59	125	0	882383
昌平区	0	10	2	4	3769835
大兴区	0	0	0	0	1536188
怀柔区	0	162	180	1	668555
平谷区	0	0	0	3	697600
密云县	0	6	0	4	243990
延庆县	0	26	9	1	1394543

2010 年各区县科普活动 （一）

地区	科普（技）讲座		科普（技）展览		科普（技）竞赛	
	举办次数/次	参加人数/人次	专题展览次数/次	参观人数/人次	举办次数/次	参加人数/人次
北京地区	45520	6612590	5205	19150203	3347	6930914
中央在京	9688	1846034	735	5964016	1095	5142438
市　　属	6594	1012428	1594	11210944	710	742808
区 县 属	29238	3754128	2876	1975243	1542	1045668
东 城 区	4779	589901	662	1850916	387	431452
西 城 区	4074	853135	1129	3263751	1386	2726937
朝 阳 区	15895	2005030	765	7433308	306	2826129
丰 台 区	2373	157505	155	609642	115	60055
石景山区	824	308787	127	140475	117	67886
海 淀 区	3852	803535	518	4363112	487	254075
门头沟区	1531	106205	892	91420	33	17566
房 山 区	528	90398	100	51291	48	78086
通 州 区	1069	141635	56	53898	71	41969
顺 义 区	1909	198481	158	192988	56	123232
昌 平 区	1234	128681	74	187040	52	91766
大 兴 区	1372	115761	265	472683	61	27868
怀 柔 区	757	71518	49	32840	46	33174
平 谷 区	591	107634	90	27200	55	20224
密 云 县	3756	827817	63	44442	78	112940
延 庆 县	976	106567	102	335197	49	17555

2010 年各区县科普活动（二）

地区	科普国际交流		成立青少年科技兴趣小组		科技夏(冬)令营	
	举办次数 /次	参加人数 /人次	兴趣小组数 /个	参加人数 /人次	举办次数 /次	参加人数 /人次
北京地区	442	57548	3014	164516	702	125178
中央在京	213	18121	644	16494	130	51414
市 属	110	12949	136	4711	151	14171
区 县 属	119	26478	2234	143311	421	59593
东 城 区	79	1974	515	24013	75	15979
西 城 区	51	2740	1033	26341	146	14286
朝 阳 区	66	4014	281	40634	86	12298
丰 台 区	4	514	155	4302	37	2517
石 景 山 区	14	292	152	5094	13	1871
海 淀 区	162	12624	362	24031	147	14113
门 头 沟 区	0	0	9	630	17	7080
房 山 区	3	50	59	2520	3	6120
通 州 区	22	20670	69	2448	3	330
顺 义 区	5	110	40	3418	58	5057
昌 平 区	22	13000	46	3670	59	33190
大 兴 区	8	1110	31	4463	1	1670
怀 柔 区	2	150	51	14040	41	8350
平 谷 区	3	200	65	1625	9	320
密 云 县	0	0	72	4747	2	24
延 庆 县	1	100	74	2540	5	1973

2010 年各区县科普活动（三）

地区	科技活动周		大学、科研机构向社会开放		举办实用技术培训		重大科普活动次数/次
	科普专题活动次数/次	参加人数/人次	开放单位数/个	参观人数/人次	举办次数/次	参加人数/人次	
北京地区	2986	13501100	196	101947	24700	4215212	642
中央在京	816	8144930	141	64493	6246	2770088	118
市　　属	1259	4806057	30	31335	4112	507809	101
区 县 属	911	550113	25	6119	14342	937315	423
东 城 区	166	266322	5	1070	471	36895	137
西 城 区	83	326465	11	11041	5121	699445	64
朝 阳 区	1713	4510951	46	27178	5147	2492278	161
丰 台 区	131	40156	5	1212	76	5864	37
石景山区	39	103984	15	3600	22	2346	31
海 淀 区	604	8116924	106	56616	935	94002	111
门头沟区	0	0	0	0	457	31498	7
房 山 区	3	550	0	0	695	42170	2
通 州 区	8	6600	0	0	1650	86310	12
顺 义 区	3	200	0	0	876	95508	18
昌 平 区	98	14445	7	1150	512	47265	4
大 兴 区	33	39705	1	80	1228	116439	21
怀 柔 区	0	0	0	0	366	23791	3
平 谷 区	98	60492	0	0	3543	203712	20
密 云 县	4	11606	0	0	1377	84154	5
延 庆 县	3	2700	0	0	2224	153535	9

附录 11　2009 年全国科普统计北京地区分类数据统计表

各项统计数据包括中央在京单位、市属单位和区县单位的数据。

4 个功能区的划分：首都功能核心区包括：东城区、西城区、崇文区、宣武区 4 个区；城市功能拓展区包括：朝阳区、丰台区、石景山区、海淀区 4 个区；城市发展新区包括：房山区、通州区、顺义区、昌平区、大兴区 5 个区；生态涵养发展区包括：门头沟区、平谷区、怀柔区、密云县、延庆县 5 个区县。

2009 年各区县科普人员（一）

单位：人

地区	科普专职人员	中级职称以上或大学本科以上学历人员	女性	农村科普人员	管理人员	科普创作人员
北　京	6472	4478	3185	690	1607	1270
中央在京	2796	2014	1327	105	719	701
市　属	1296	1033	696	66	202	397
区县属	2380	1431	1162	519	686	172
东城区	349	273	202	6	90	117
西城区	608	499	352	19	83	135
崇文区	216	165	111	36	45	17
宣武区	120	81	69	0	18	19
朝阳区	1244	889	597	177	312	242
丰台区	122	87	65	1	50	31
石景山区	130	96	52	0	14	0
海淀区	2232	1525	1089	32	561	574
门头沟区	101	53	36	9	42	2
房山区	110	73	52	11	41	21
通州区	46	24	20	3	21	0
顺义区	68	35	17	4	2	30
昌平区	288	174	133	84	49	50
大兴区	343	162	168	163	111	22
怀柔区	25	21	17	2	10	0
平谷区	83	40	34	23	41	4
密云县	220	174	96	86	67	0
延庆县	167	107	75	34	50	6

2009 年各区县科普人员（二）

地区	科普兼职人员	中级职称以上或大学本科以上学历人员	女性	农村科普人员	年度实际投入工作量（人月）	注册科普志愿者
北　　京	36472	20343	17919	5599	48580	15429
中央在京	6436	5383	1764	75	6276	707
市　　属	6576	3330	3406	488	8905	1464
区 县 属	23460	11630	12749	5036	33399	13258
东 城 区	2862	860	1770	0	5038	77
西 城 区	1956	1362	936	251	4745	1469
崇 文 区	2656	1493	1167	305	2428	0
宣 武 区	1006	640	601	1	1020	194
朝 阳 区	4407	2642	2506	211	5959	2592
丰 台 区	1413	873	926	166	1852	88
石景山区	1405	744	923	11	884	365
海 淀 区	6780	5788	2678	234	7427	198
门头沟区	487	220	214	141	848	0
房 山 区	1458	480	668	529	2255	166
通 州 区	924	425	418	311	1564	0
顺 义 区	2340	1110	1510	398	1593	10000
昌 平 区	2223	800	1095	780	3872	0
大 兴 区	2729	1077	982	498	1936	217
怀 柔 区	919	465	424	385	1288	0
平 谷 区	834	440	327	558	2377	0
密 云 县	1012	488	402	329	1384	0
延 庆 县	1061	436	372	491	2110	63

2009 年各区县科普场地（一）

地区	科技馆 /个	建筑面积 /平方米	展厅面积 /平方米	当年参观人数 /人次
北　　京	11	151949	63117	2080588
中央在京	1	102000	40000	1420000
市　　属	3	8492	7649	572080
区 县 属	7	41457	15468	88508
东 城 区	0	0	0	0
西 城 区	0	0	0	0
崇 文 区	0	0	0	0
宣 武 区	0	0	0	0
朝 阳 区	4	17692	8917	577088
丰 台 区	1	3713	700	6000
石景山区	1	9000	8000	16000
海 淀 区	2	106580	42000	1470000
门头沟区	1	3794	1200	3500
房 山 区	0	0	0	0
通 州 区	1	3170	300	2000
顺 义 区	0	0	0	0
昌 平 区	0	0	0	0
大 兴 区	1	8000	2000	6000
怀 柔 区	0	0	0	0
平 谷 区	0	0	0	0
密 云 县	0	0	0	0
延 庆 县	0	0	0	0

2009 年各区县科普场地（二）

地区	科学技术博物馆/个	建筑面积/平方米	展厅面积/平方米	当年参观人数/人次	青少年科技馆站/个
北　　京	49	450080	248856	7247358	13
中央在京	17	161149	105460	2088758	1
市　　属	17	239221	111240	4526316	1
区县属	15	49710	32156	632284	11
东城区	3	5700	2700	114573	1
西城区	7	131556	63956	3272000	1
崇文区	4	40359	22640	204280	2
宣武区	3	16226	8422	78224	1
朝阳区	9	118569	58428	1620409	1
丰台区	1	3000	1000	50000	1
石景山区	2	5880	4200	9867	1
海淀区	6	33180	21910	321713	1
门头沟区	1	10120	2400	48000	0
房山区	3	5800	3750	153000	0
通州区	0	0	0	0	0
顺义区	0	0	0	0	1
昌平区	3	52500	40700	848600	0
大兴区	2	12600	8900	33124	1
怀柔区	0	0	0	0	1
平谷区	0	0	0	0	0
密云县	1	500	350	5000	1
延庆县	4	14090	9500	488568	0

2009 年各区县科普场地（三）

地区	城市社区科普（技）专用活动室/个	农村科普/技活动场地/个	科普宣传专用车/辆	科普画廊/个
北　　京	903	2045	81	3065
中央在京	10	26	5	82
市　　属	23	5	14	418
区 县 属	870	2014	62	2565
东 城 区	31	0	4	80
西 城 区	53	0	4	340
崇 文 区	48	0	9	112
宣 武 区	38	0	2	39
朝 阳 区	153	47	8	507
丰 台 区	86	39	4	309
石景山区	50	0	1	142
海 淀 区	181	88	6	485
门头沟区	6	65	4	48
房 山 区	63	304	7	151
通 州 区	9	88	2	75
顺 义 区	8	164	0	168
昌 平 区	93	274	5	150
大 兴 区	26	214	9	85
怀 柔 区	27	18	3	58
平 谷 区	6	146	6	102
密 云 县	2	293	5	77
延 庆 县	23	305	2	137

2009 年各区县科普经费（一）

单位：万元

地区	年度科普经费筹集额	政府拨款	科普专项经费	捐赠	自筹资金	其他收入
北京地区	177933.09	94521.06	54736.97	2742.11	48153.60	32517.17
中央在京	96893.64	36120.45	29521.55	2536.00	31244.77	26992.42
市　　属	52816.85	38560.66	15483.66	77.00	9523.04	4656.15
区 县 属	28222.61	19839.96	9731.76	129.11	7385.79	868.60
东 城 区	4471.63	3287.63	1429.03	280.00	255.00	649.00
西 城 区	21094.82	16660.25	7969.00	0.00	2334.04	2101.03
崇 文 区	12696.49	9032.70	2526.70	2270.00	1074.89	318.70
宣 武 区	11671.50	10972.00	1353.00	1.00	665.50	33.00
朝 阳 区	22910.74	11380.39	10342.59	12.00	9076.05	2442.30
丰 台 区	1091.85	758.46	361.56	0.00	273.19	60.20
石景山区	1839.57	1749.80	325.60	0.00	69.07	21.00
海 淀 区	63771.86	30672.69	26481.94	118.00	7047.73	25933.94
门头沟区	2659.30	2563.80	247.50	0.00	60.25	35.00
房 山 区	1263.73	710.72	495.62	40.11	479.90	33.00
通 州 区	586.00	327.00	83.00	0.00	259.00	0.00
顺 义 区	848.00	366.00	215.00	16.00	430.00	36.00
昌 平 区	24907.83	818.13	495.43	0.00	23744.70	345.00
大 兴 区	2054.78	1471.50	655.00	2.00	564.28	17.00
怀 柔 区	1051.00	546.00	414.00	1.00	315.00	189.00
平 谷 区	1354.00	945.00	153.00	0.00	376.00	33.00
密 云 县	2227.00	1502.00	711.00	2.00	688.00	35.00
延 庆 县	1433.00	757.00	478.00	0.00	441.00	235.00

2009 年各区县科普经费（二）

单位：万元

地区	科技活动周经费筹集额	政府拨款	企业赞助	年度科普经费使用额	行政支出	科普活动支出
北京地区	1312.14	1045.54	62.90	166742.12	25282.87	67643.91
中央在京	144.40	103.00	11.90	83986.11	12759.18	23952.71
市　　属	652.54	554.54	3.00	49347.57	8912.03	28740.36
区县属	515.20	388.00	48.00	33408.44	3611.67	14950.85
东 城 区	11.60	8.60	2.00	2882.51	82.60	2438.91
西 城 区	322.00	224.00	3.00	20537.17	7090.31	9049.53
崇 文 区	128.54	128.54	0.00	11277.17	1590.38	6152.21
宣 武 区	19.00	19.00	0.00	11545.50	325.00	10175.50
朝 阳 区	525.50	436.40	41.00	26823.48	1051.13	13680.43
丰 台 区	38.00	22.00	0.00	1017.37	47.00	677.37
石景山区	12.20	2.00	0.00	1714.57	214.05	661.52
海 淀 区	84.20	57.90	9.90	52166.16	12736.22	17450.19
门头沟区	0.00	0.00	0.00	2707.30	206.50	413.15
房 山 区	18.50	17.50	1.00	1203.68	130.48	655.20
通 州 区	10.00	10.00	0.00	586.00	273.00	275.00
顺 义 区	0.00	0.00	0.00	1116.00	139.00	497.00
昌 平 区	2.00	2.00	0.00	24822.43	326.20	1448.63
大 兴 区	55.00	42.00	5.00	2118.78	386.00	684.28
怀 柔 区	50.60	49.60	0.00	1051.00	99.00	689.00
平 谷 区	14.00	6.00	0.00	1354.00	48.00	494.00
密 云 县	6.00	6.00	0.00	2354.00	282.00	1560.00
延 庆 县	15.00	14.00	1.00	1465.00	256.00	642.00

2009 年各区县科普经费（三）

单位：万元

地区	年度科普经费使用额				
	科普场馆基建支出	政府拨款支出	场馆建设支出	展品、设施支出	其他支出
北京地区	52096.44	17976.14	30736.90	13411.46	21721.81
中央在京	32729.09	9603.56	23400.90	9134.69	14545.14
市　　属	6635.58	4540.58	1111.00	856.00	5059.60
区 县 属	12731.77	3832.00	6225.00	3420.77	2117.07
东 城 区	41.00	34.00	7.00	38.00	320.00
西 城 区	1532.66	1351.66	849.00	582.66	2866.04
崇 文 区	3524.58	3459.58	10.00	55.00	10.00
宣 武 区	276.00	121.00	196.00	63.00	769.00
朝 阳 区	8831.00	74.00	5050.00	2426.00	3261.92
丰 台 区	244.00	23.00	10.00	126.00	49.00
石景山区	756.00	746.00	356.00	400.00	83.00
海 淀 区	10106.50	9270.90	9350.90	600.10	11872.75
门头沟区	2078.00	2000.00	0.00	78.00	10.50
房 山 区	262.00	51.00	88.00	102.00	156.00
通 州 区	17.00	0.00	0.00	17.00	21.00
顺 义 区	350.00	30.00	250.00	70.00	130.00
昌 平 区	22035.70	0.00	14001.00	8008.70	1012.10
大 兴 区	836.00	493.00	109.00	474.00	212.50
怀 柔 区	208.00	0.00	80.00	98.00	55.00
平 谷 区	4.00	0.00	0.00	0.00	808.00
密 云 县	500.00	25.00	65.00	110.00	12.00
延 庆 县	494.00	297.00	315.00	163.00	73.00

2009 年各区县科普传媒（一）

地区	科普图书		科普期刊		科普（技）音像制品		
	出版种数/种	年出版总册数/册	出版种数/种	年出版总册数/册	出版种数/种	光盘发行总量/张	录音、录像带发行总量/盒
北京地区	2018	15469387	56	34300663	599	5362317	1129
中央在京	1579	10180300	39	31229663	555	5285314	120
市　　属	439	5289087	15	2981000	40	76801	1008
区县属	0	0	2	90000	4	202	1
东城区	41	276000	7	11868000	1	15000	0
西城区	395	5035087	5	1193000	13	46100	1000
崇文区	6	68000	2	132000	1	201	0
宣武区	91	695000	0	0	20	1500000	0
朝阳区	898	4969900	21	9781663	440	2236645	129
丰台区	0	0	1	108000	0	0	0
石景山区	0	0	2	30000	1	2000	0
海淀区	587	4425400	14	11028000	114	1492171	0
门头沟区	0	0	0	0	0	0	0
房山区	0	0	0	0	0	0	0
通州区	0	0	0	0	0	0	0
顺义区	0	0	0	0	0	0	0
昌平区	0	0	3	150000	7	68000	0
大兴区	0	0	0	0	1	2000	0
怀柔区	0	0	0	0	0	0	0
平谷区	0	0	0	0	0	0	0
密云县	0	0	0	0	1	200	0
延庆县	0	0	1	10000	0	0	0

2009 年各区县科普传媒（二）

地区	科技类报纸年发行总份数/份	电视台播出科普（技）节目时间/小时	电台播出科普（技）节目时间/小时	科普网站个数/个	发放科普读物和资料/份
北京地区	86865260	16449	4244	178	46598896
中央在京	85865260	14297	1280	97	11012372
市　　属	1000000	1610	2773	34	16078649
区县属		542	191	47	19507875
东城区	16100000	104	1	7	13192681
西城区	0	347	926	18	5922897
崇文区	22880000	5	0	5	1120591
宣武区	0	1	0	5	1616645
朝阳区	1000000	1711	2766	45	4842677
丰台区	0	6	0	3	514009
石景山区	0	15	270	0	1476860
海淀区	46885260	13583	6	61	3836672
门头沟区	0	48	0	1	1013885
房山区	0	4	40	2	1080106
通州区	0	2	64	1	2044763
顺义区	0	70	2	0	1676422
昌平区	0	287	117	11	2982709
大兴区	0	28	36	10	2475723
怀柔区	0	8	7	1	957218
平谷区	0	143	0	3	385073
密云县	0	6	0	1	297210
延庆县	0	81	9	4	1162755

2009 年各区县科普活动（一）

地区	科普（技）讲座		科普（技）展览		科普（技）竞赛	
	举办次数/次	参加人数/人次	专题展览次数/次	参观人数/人次	举办次数/次	参加人数/人次
北京地区	53433	6965334	3679	15710097	2891	3667046
中央在京	9284	2514542	419	6403116	260	2128764
市　　属	13316	1148532	480	6433721	153	305234
区 县 属	30833	3302260	2780	2873260	2478	1233048
东 城 区	10975	584194	194	841286	209	495273
西 城 区	4226	717207	208	960064	81	132065
崇 文 区	7254	891707	470	2744074	91	1539511
宣 武 区	912	79451	183	263047	67	23782
朝 阳 区	5318	1769636	513	2613952	229	746290
丰 台 区	2226	151882	266	189322	83	37096
石景山区	1818	130756	198	163336	144	81144
海 淀 区	3298	885439	587	6198573	475	177999
门头沟区	1705	90049	102	33314	950	51025
房 山 区	1273	171213	106	111979	47	13215
通 州 区	1825	164036	36	76500	26	27803
顺 义 区	829	212616	167	243639	86	126397
昌 平 区	2394	254631	195	493762	49	61578
大 兴 区	2581	193485	94	533273	97	76539
怀 柔 区	1214	106674	64	54160	59	20382
平 谷 区	511	110159	110	20114	57	13790
密 云 县	3922	341035	76	29459	84	23035
延 庆 县	1152	111164	110	140243	57	20122

2009 年各区县科普活动（二）

地区	科普国际交流		成立青少年科技兴趣小组		科技夏(冬)令营	
	举办次数 /次	参加人数 /人次	兴趣小组数 /个	参加人数 /人次	举办次数 /次	参加人数 /人次
北京地区	359	156763	3311	213365	567	174479
中央在京	191	17363	680	17088	102	39594
市　　属	84	119333	155	7796	59	67916
区 县 属	84	20067	2476	188481	406	66969
东 城 区	18	258	156	12919	21	21280
西 城 区	43	12384	837	19687	45	5100
崇 文 区	12	2200	200	3231	31	4740
宣 武 区	6	49	132	2151	25	2948
朝 阳 区	43	6911	549	18618	63	13044
丰 台 区	8	603	220	9236	26	1402
石景山区	0	4	99	7733	12	1863
海 淀 区	190	12597	442	21324	210	73355
门头沟区	1	1300	17	3233	4	530
房 山 区	2	200	65	1765	2	1200
通 州 区	1	4	17	450	5	145
顺 义 区	10	2130	47	2922	39	4140
昌 平 区	16	17500	32	4449	49	31310
大 兴 区	4	100303	300	94002	5	210
怀 柔 区	0	0	27	2206	24	11360
平 谷 区	3	300	53	1595	1	20
密 云 县	2	20	88	4504	3	1532
延 庆 县	0	0	30	3340	2	300

2009 年各区县科普活动（三）

地区	科技活动周		大学、科研机构 向社会开放		举办实用技术培训		重大科普 活动次数 /次
	科普专题 活动次数 /次	参加人数 /人次	开放单位数 /个	参观人数 /人次	举办次数 /次	参加人数 /人次	
北京地区	2635	9136135	220	182722	52819	3686555	637
中央在京	824	8162294	155	57012	38006	2554118	111
市　　属	1539	915899	31	22220	1233	242364	116
区 县 属	272	57942	34	103490	13580	890073	410
东 城 区	99	25899	0	0	64	11838	37
西 城 区	132	44917	32	1200	491	174785	52
崇 文 区	31	55000	0	0	37409	2428640	47
宣 武 区	30	6970	6	1550	61	4439	24
朝 阳 区	1620	811353	47	14138	1081	126559	120
丰 台 区	1	150	0	0	199	9443	46
石景山区	5	2514	0	1000	62	3236	50
海 淀 区	624	8168572	127	161394	1264	124678	111
门头沟区	0	0	0	0	275	16653	7
房 山 区	5	650	0	0	1686	95120	2
通 州 区	0	0	0	0	1573	86065	13
顺 义 区	0	0	0	0	509	52935	39
昌 平 区	75	14200	6	1420	779	42541	29
大 兴 区	9	5600	1	20	1227	133581	21
怀 柔 区	0	0	1	2000	442	23419	5
平 谷 区	3	160	0	0	2921	193860	5
密 云 县	0	0	0	0	1117	55607	4
延 庆 县	1	150	0	0	1659	103156	25

附录 12　2008 年全国科普统计北京地区分类数据统计表

各项统计数据包括中央在京单位、市属单位和区县单位的数据。

4 个功能区的划分：首都功能核心区包括：东城区、西城区、崇文区、宣武区 4 个区；城市功能拓展区包括：朝阳区、丰台区、石景山区、海淀区 4 个区；城市发展新区包括：房山区、通州区、顺义区、昌平区、大兴区 5 个区；生态涵养发展区包括：门头沟区、平谷区、怀柔区、密云县、延庆县 5 个区县。

2008 年各区县科普人员（一）

单位：人

地区	科普专职人员	中级职称以上或大学本科以上学历人员	女性	农村科普人员	管理人员	科普创作人员
北　　京	5844	3630	2893	841	1618	787
中央在京	2186	1462	1062	56	590	539
市　　属	906	639	560	10	190	180
区县属	2752	1529	1271	775	838	68
东 城 区	458	276	315	0	183	38
西 城 区	907	615	488	9	174	165
崇 文 区	141	125	78	0	27	8
宣 武 区	100	66	60	0	28	1
朝 阳 区	986	718	526	70	268	265
丰 台 区	205	105	116	16	35	0
石景山区	147	121	54	2	32	2
海 淀 区	1202	732	558	44	371	268
门头沟区	113	79	32	6	43	0
房 山 区	300	79	97	131	85	3
通 州 区	57	38	28	18	33	2
顺 义 区	56	31	27	2	8	0
昌 平 区	94	44	47	36	37	19
大 兴 区	570	280	265	343	99	8
怀 柔 区	42	25	17	16	22	2
平 谷 区	126	55	46	38	60	1
密 云 县	116	95	59	92	53	0
延 庆 县	224	146	80	18	60	5

2008 年各区县科普人员（二）

地区	科普兼职人员	中级职称以上或大学本科以上学历人员	女性	农村科普人员	年度实际投入工作量（人月）	注册科普志愿者
北 京	37232	19932	19189	5641	64023	3461
中央在京	6171	5545	2968	105	4568	625
市 属	5529	3005	3160	84	10136	102
区 县 属	25532	11382	13061	5452	49319	2734
东 城 区	4739	1517	2896	7	7773	57
西 城 区	4769	4071	2737	55	5926	809
崇 文 区	1155	738	760	0	2776	505
宣 武 区	1087	685	587	22	1343	210
朝 阳 区	4731	2823	2700	283	10813	354
丰 台 区	1138	525	655	300	1893	27
石景山区	1237	550	921	0	1633	0
海 淀 区	4419	3176	2402	212	6204	834
门头沟区	427	157	142	151	769	0
房 山 区	2332	1118	893	838	5729	313
通 州 区	1302	809	728	505	2420	1
顺 义 区	2477	1156	526	425	3404	0
昌 平 区	1335	272	278	607	2886	30
大 兴 区	1478	440	1046	296	2931	173
怀 柔 区	1458	487	705	354	2856	134
平 谷 区	992	428	366	661	1505	14
密 云 县	1128	630	480	468	2296	0
延 庆 县	1028	350	367	457	866	0

2008 年各区县科普场地（一）

地区	科技馆/个	建筑面积/平方米	展厅面积/平方米	当年参观人数/人次
北　　京	11	88335	50353	2175363
中央在京	1	45000	33000	1730000
市　　属	1	2670	400	150000
区 县 属	9	40665	16953	295363
东 城 区	0	0	0	0
西 城 区	1	45000	33000	1730000
崇 文 区	0	0	0	0
宣 武 区	0	0	0	0
朝 阳 区	3	8360	5253	148253
丰 台 区	1	3713	700	5000
石景山区	1	9000	2200	20000
海 淀 区	3	15298	8200	269610
门头沟区	1	3794	700	1700
房 山 区	0	0	0	0
通 州 区	1	3170	300	800
顺 义 区	0	0	0	0
昌 平 区	0	0	0	0
大 兴 区	0	0	0	0
怀 柔 区	0	0	0	0
平 谷 区	0	0	0	0
密 云 县	0	0	0	0
延 庆 县	0	0	0	0

2008 年各区县科普场地（二）

地区	科学技术博物馆/个	建筑面积/平方米	展厅面积/平方米	当年参观人数/人次	青少年科技馆站/个
北　　京	35	362930	182975	5818682	22
中央在京	11	66243	32300	237500	
市　　属	12	135857	57877	3043511	1
区 县 属	12	160830	92798	2537671	21
东 城 区	3	5714	1908	238260	4
西 城 区	6	128161	61286	3552963	1
崇 文 区	2	25800	9200	613000	1
宣 武 区	1	10000	2400	60000	1
朝 阳 区	5	63750	18848	315767	3
丰 台 区	2	14265	6730	54175	4
石景山区	1	4100	2400	0	1
海 淀 区	6	38107	22929	228613	1
门头沟区	1	5000	2400	30000	1
房 山 区	2	4600	3624	145662	0
通 州 区	1	5000	8950	0	1
顺 义 区	0	0	0	0	1
昌 平 区	2	44700	35700	550000	0
大 兴 区	1	4600	4300	12142	0
怀 柔 区	1	2600	500	3100	2
平 谷 区	0	0	0	0	0
密 云 县	0	0	0	0	0
延 庆 县	1	6533	1800	15000	1

2008 年各区县科普场地（三）

地区	城市社区科普（技）专用活动室/个	农村科普（技）活动场地/个	科普宣传专用车/辆	科普画廊/个
北　　京	1272	2403	197	3422
中央在京	12	23	37	70
市　　属	1	0	9	161
区 县 属	1259	2380	151	3191
东 城 区	146	1	2	119
西 城 区	111	0	4	120
崇 文 区	32	0	3	143
宣 武 区	69	0	2	78
朝 阳 区	296	82	17	470
丰 台 区	152	80	3	509
石景山区	37	0	6	131
海 淀 区	139	97	38	480
门头沟区	4	42	16	35
房 山 区	40	268	21	227
通 州 区	52	200	3	66
顺 义 区	8	79	1	20
昌 平 区	33	48	7	181
大 兴 区	112	720	8	36
怀 柔 区	27	36	7	72
平 谷 区	1	192	24	282
密 云 县	0	346	8	323
延 庆 县	13	212	27	130

2008 年各区县科普经费（一）

单位：万元

地区	年度科普经费筹集额	政府拨款	科普专项经费	捐赠	自筹资金	其他收入
北京地区	1343404	1107453	808285	15045	138774	82132
中央在京	836026	734446	611853	8860	41942	50778
市　　属	288125	223829	116184	4200	40388	19708
区 县 属	219253	149178	80248	1985	56444	11646
东 城 区	37713	27029	15690	2443	7746	495
西 城 区	696563	625118	553112	5590	25728	40127
崇 文 区	9309	6978	3667	0	1590	741
宣 武 区	15498	9346	1767	3	6003	146
朝 阳 区	220759	177901	47836	5214	36027	1617
丰 台 区	21558	8983	7222	16	11822	737
石景山区	5639	4855	2606	0	684	100
海 淀 区	221607	175097	136329	779	17770	27961
门头沟区	5120	3890	2512	40	368	822
房 山 区	8067	5295	4277	80	2043	649
通 州 区	7725	4836	1524	0	2869	20
顺 义 区	9958	4250	3782	300	4138	1270
昌 平 区	25740	16124	5309	60	5451	4105
大 兴 区	12395	9578	7932	0	2807	10
怀 柔 区	5709	3369	1730	10	1210	1120
平 谷 区	10057	8060	3814	490	1133	374
密 云 县	13259	4498	2738	20	8138	603
延 庆 县	16728	12246	6438	0	3247	1235

2008 年各区县科普经费（二）

单位：万元

地区	科技活动周经费筹集额	政府拨款	企业赞助	年度科普经费使用额	行政支出	科普活动支出
北京地区	27933	10389	2523	1320305	149352	507781
中央在京	4964	1922	2120	813864	54720	249188
市　　属	2400	2350	0	286827	68293	146792
区 县 属	20569	6117	403	219614	26339	111801
东 城 区	6	6	0	30560	2609	24697
西 城 区	5850	3683	2102	499213	64460	151202
崇 义 区	10	5	0	10775	121	9342
宣 武 区	2100	2076	0	15166	3748	7240
朝 阳 区	10430	3156	88	414134	46353	103404
丰 台 区	57	34	0	21300	3948	14133
石景山区	6048	0	10	5264	122	3249
海 淀 区	1091	561	20	202510	14814	145100
门头沟区	0	0	0	4339	875	3404
房 山 区	291	106	110	9528	244	5268
通 州 区	15	15	0	7725	2960	2130
顺 义 区	0	0	0	9958	184	4459
昌 平 区	1077	302	63	26301	1256	6096
大 兴 区	617	202	110	16846	531	4210
怀 柔 区	115	82	10	5374	667	3703
平 谷 区	201	161	10	10057	1675	5461
密 云 县	25	0	0	13755	2849	9026
延 庆 县	0	0	0	17500	1936	5657

2008 年各区县科普经费（三）

单位：万元

地区	年度科普经费使用额				其他支出
	科普场馆基建支出	政府拨款支出	场馆建设支出	展品、设施支出	
北京地区	559904	529884			103268
中央在京	474919	474278			35037
市　　属	22087	19887			49655
区 县 属	62898	35719			18576
东 城 区	563	552			2691
西 城 区	266863	265843			16688
崇 文 区	1200	1000			112
宣 武 区	3861	3695			317
朝 阳 区	216473	214463			47904
丰 台 区	2678	518			541
石景山区	1268	1268			625
海 淀 区	20963	18350			21633
门头沟区	55	0			5
房 山 区	2808	1100			1208
通 州 区	2122	0			513
顺 义 区	1750	130			3565
昌 平 区	16765	2565			2184
大 兴 区	11515	11060			590
怀 柔 区	920	900			84
平 谷 区	425	0			2496
密 云 县	120	100			1760
延 庆 县	9555	8340			352

2008 年各区县科普传媒 （一）

地区	科普图书		科普期刊		科普（技）音像制品		
	出版种数 /种	出版总册 数/册	出版种数 /种	出版总册 数/册	出版种数 /种	光盘发行 总量/张	录音、录像 带发行总量 /盒
北京地区	1018	16114895	61	22668930	851	2828153	6200
中央在京	668	9847735	46	20873830	816	2494021	0
市　　属	328	6143160	8	1664500	17	264302	0
区 县 属	22	124000	7	130600	18	69830	6200
东 城 区	36	252000	6	803800	0	0	0
西 城 区	244	3154370	7	11144000	4	24000	0
崇 文 区	8	355000	1	78000	0	2	0
宣 武 区	74	589500	0	0	20	1500000	0
朝 阳 区	306	9349430	16	6985700	804	1228901	6200
丰 台 区	12	43000	4	20000	1	10200	0
石景山区	0	0	1	19000	0	0	0
海 淀 区	337	2357595	24	3587830	20	56950	0
门头沟区	0	0	0	0	0	0	0
房 山 区	0	0	1	10000	0	0	0
通 州 区	0	0	0	0	0	0	0
顺 义 区	0	0	0	0	0	100	0
昌 平 区	0	0	0	0	0	0	0
大 兴 区	1	14000	1	20600	1	3000	0
怀 柔 区	0	0	0	0	0	0	0
平 谷 区	0	0	0	0	0	0	0
密 云 县	0	0	0	0	0	0	0
延 庆 县	0	0	0	0	1	5000	0

2008 年各区县科普传媒（二）

地区	科技类报纸年发行总份数/份	电视台播出科普(技)节目时间/小时	电台播出科普(技)节目时间/小时	科普网站个数/个	发放科普读物和资料/份
北京地区	67691010	21569	9508	185	
中央在京	65772160	16591	821	117	
市　　属	600000	2909	8282	17	
区 县 属	1318850	2069	405	51	
东 城 区	0	5	0	3	
西 城 区	17680000	8305	100	31	
崇 文 区	0	0	0	2	
宣 武 区	0	4	0	1	
朝 阳 区	627450	10718	8488	54	
丰 台 区	136000	9	0	4	
石景山区	0	455	506	1	
海 淀 区	48066060	141	21	59	
门头沟区	0	360	0	1	
房 山 区	420000	73	133	5	
通 州 区	0	15	0	0	
顺 义 区	40000	0	0	0	
昌 平 区	0	217	6	3	
大 兴 区	319500	1105	0	6	
怀 柔 区	270000	64	33	8	
平 谷 区	0	0	4	3	
密 云 县	0	20	180	0	
延 庆 县	132000	78	37	4	

2008 年各区县科普活动（一）

地区	科普（技）讲座		科普（技）展览		科普（技）竞赛	
	举办次数 /次	参加人数 /人次	专题展览 次数/次	参观人数 /人次	举办次数 /次	参加人数 /人次
北京地区	44185	7752645	4123	29137033	3196	3253842
中央在京	3544	1542209	425	8714272	106	1613587
市 属	6428	2524161	623	16503728	92	286069
区县属	34213	3686275	3075	3919033	2998	1354186
东 城 区	4400	1940000	214	1321961	179	336730
两 城 区	4300	871316	237	17721101	54	1031098
崇 文 区	1138	116645	117	109296	84	55377
宣 武 区	1180	283837	98	2123465	122	338007
朝 阳 区	6763	1578279	750	2591256	361	358410
丰 台 区	2822	194322	412	860553	514	401390
石景山区	1205	142092	172	213232	137	42031
海 淀 区	5407	839399	386	2493436	275	125718
门头沟区	1668	168254	284	142091	13	7650
房 山 区	1460	187030	139	191893	68	113985
通 州 区	1398	120739	55	24579	70	35717
顺 义 区	1243	90450	174	144436	657	121327
昌 平 区	888	102531	167	473376	211	104082
大 兴 区	2963	280428	293	53186	140	16212
怀 柔 区	1446	112375	76	113104	62	46894
平 谷 区	2043	269873	85	149837	62	36394
密 云 县	1870	180095	215	104958	127	78276
延 庆 县	1991	274980	249	305273	60	4544

2008 年各区县科普活动（二）

地区	科普国际交流		成立青少年科技兴趣小组		科技夏(冬)令营	
	举办次数 /次	参加人数 /人次	兴趣小组数 /个	参加人数 /人次	举办次数 /次	参加人数 /人次
北京地区	409	120139	3617	251145	421	150070
中央在京	176	7643	367	20719	34	10951
市　　属	118	105331	84	9480	19	837
区 县 属	115	7165	3166	220946	368	138282
东 城 区	10	100425	231	7075	17	1961
西 城 区	62	1643	465	36109	62	15262
崇 文 区	26	3776	182	3702	19	3690
宣 武 区	7	298	312	26510	15	1724
朝 阳 区	122	4928	522	40752	54	6431
丰 台 区	9	441	164	26181	67	5593
石景山区	2	150	163	6577	9	1788
海 淀 区	146	6570	291	8429	51	10863
门头沟区	0	0	13	740	1	31
房 山 区	6	399	368	39431	20	15193
通 州 区	3	800	146	6605	4	620
顺 义 区	5	206	110	5610	7	1496
昌 平 区	2	10	225	14274	64	77012
大 兴 区	8	478	110	11232	15	4550
怀 柔 区	0	0	93	8073	11	2316
平 谷 区	0	0	71	1546	0	0
密 云 县	0	0	124	5374	1	700
延 庆 县	1	15	27	2925	4	840

2008 年各区县科普活动（三）

地区	科技活动周		大学、科研机构向社会开放		举办实用技术培训		重大科普活动次数/次
	科普专题活动次数/次	参加人数/人次	开放单位数/个	参观人数/人次	举办次数/次	参加人数/人次	
北京地区			201	138565			788
中央在京			169	95611			125
市　　属			12	11380			123
区 县 属			20	31574			540
东 城 区			3	80			107
西 城 区			11	2700			56
崇 文 区			0	0			38
宣 武 区			1	1000			35
朝 阳 区			65	46850			184
丰 台 区			0	0			57
石景山区			0	0			21
海 淀 区			115	84331			118
门头沟区			0	0			8
房 山 区			0	0			27
通 州 区			2	600			16
顺 义 区			0	0			10
昌 平 区			3	2500			13
大 兴 区			0	4			33
怀 柔 区			1	500			15
平 谷 区			0	0			9
密 云 县			0	0			26
延 庆 县			0	0			15

图书在版编目（CIP）数据

北京科普统计：2018 年版 / 高畅，孙勇主编. --
北京：社会科学文献出版社，2020.2
ISBN 978 - 7 - 5201 - 6069 - 8

Ⅰ.①北…　Ⅱ.①高…②孙…　Ⅲ.①科普工作 - 统
计资料 - 北京 - 2018　Ⅳ.①N4 - 66

中国版本图书馆 CIP 数据核字（2020）第 026161 号

北京科普统计（2018 年版）

主　　编 / 高　畅　孙　勇
副 主 编 / 邓爱华　孙文静

出 版 人 / 谢寿光
组稿编辑 / 周　丽　王玉山
责任编辑 / 周　丽
文稿编辑 / 方悠舟

出　　版 / 社会科学文献出版社·城市和绿色发展分社（010）59367143
　　　　　　地址：北京市北三环中路甲 29 号院华龙大厦　邮编：100029
　　　　　　网址：www. ssap. com. cn
发　　行 / 市场营销中心（010）59367081　59367083
印　　装 / 三河市龙林印务有限公司

规　　格 / 开　本：787mm × 1092mm　1/16
　　　　　　印　张：19　字　数：291 千字
版　　次 / 2020 年 2 月第 1 版　2020 年 2 月第 1 次印刷
书　　号 / ISBN 978 - 7 - 5201 - 6069 - 8
定　　价 / 168.00 元

装帧设计  社科文献设计中心
Telephone　010-59367109

Beijing Science Popularization Statistics

出版社官方微信

www.ssap.com.cn

ISBN 978-7-5201-6069-8

9 787520 160698 >

定价: 168.00 元

气候变化绿皮书
GREEN BOOK OF CLIMATE CHANGE

应对气候变化报告
（2017）

坚定推动落实《巴黎协定》
Firmly Promoting the Implementation of the Paris Agreement

主编/王伟光　刘雅鸣

副主编/巢清尘　陈迎　胡国权　潘家华

ANNUAL REPORT ON ACTIONS TO

ADDRESS CLIMATE CHANGE (2017)

社会科学文献出版社
SOCIAL SCIENCES ACADEMIC PRESS (CHINA)

2017版